Was Profi-Verkäufer besser machen

Prof. Dr. Karl Pinczolits ist Vertriebsexperte und Unternehmensberater und leitet den Fachbereich Marketing und Vertrieb an der Fachhochschule Wiener Neustadt. Als Geschäftsführer der MCD-Unternehmensberatung zählt er renommierte internationale Unternehmen zu seinen Kunden.

Im Campus Verlag erschien 1998 sein Buch *Der Schlagzahlmanager*, im Jahr 2003 folgte das Buch *Der befreite Vertrieb*.

Weitere Informationen unter www.pinczolits.at

Karl Pinczolits

Was Profi-Verkäufer besser machen

Fünf Faktoren für Ihren Erfolg

Campus Verlag
Frankfurt/New York

Bibliografische Information der Deutschen Nationalbibliothek:
Die Deutsche Nationalbibliothek verzeichnet diese Publikation in der Deutschen Nationalbibliografie. Detaillierte bibliografische Daten sind im Internet unter http://dnb.d-nb.de abrufbar.
ISBN 978-3-593-39325-4

Umschlaggestaltung: Guido Klütsch, Köln
Satz: Publikations Atelier, Dreieich
Druck und Bindung: Druckhaus »Thomas Müntzer«, Bad Langensalza
Gedruckt auf Papier aus zertifizierten Rohstoffen (FSC/PEFC).
Printed in Germany

Besuchen Sie uns im Internet: www.campus.de

Inhalt

Vorwort

Ein Sechstel aller berufstätigen Menschen in einer entwickelten Volkswirtschaft ist im Vertrieb und Verkauf beschäftigt. Das sind etwa zwanzig Millionen Amerikaner, mehr als dreißig Millionen Europäer und sieben Millionen Menschen in den deutschsprachigen Ländern. Etwa die Hälfte davon ist im Handel tätig und die andere Hälfte besucht und betreut ihre Kunden. Die »Sales forces« dieser Welt sind vorwiegend Verkäufer, Vertreter, Außendienstmitarbeiter und Manager, vom Ein-Personen-Unternehmen bis zum Großkonzern. Neben den angestellten Verkäufern gibt es weltweit mehr als hundert Millionen akquirierende Unternehmer, bei denen Verkaufen Chefsache und der Eigentümer oder Geschäftsführer für den Verkauf verantwortlich ist. Neben allen Menschen, deren Beruf das Verkaufen ist, gibt es auch sehr viele, für die das Verkaufen eine von mehreren Tätigkeiten in der Ausübung ihres Berufs ist oder die nur in bestimmten Phasen des Arbeitslebens verkaufen. Neben den klassischen Formen des Verkaufs gibt es in größeren Unternehmen Menschen, die intern ihre Ideen und Produkte verkaufen. Jeder zwanzigste Mensch der entwickelten Welt ist somit Verkäufer im engen Sinne und für jeden zehnten Menschen ist Verkaufen zwar nicht der einzige, aber ein wichtiger Teilbereich seiner Arbeit.

Der Anspruch, den dieses Buch erhebt, ist hoch. Es soll eine Anleitung, ein Handbuch für eine *höhere* persönliche Professionalität für die mehreren hundert Millionen von Verkäufern dieser Welt darstellen. Wer die hier aufgestellten Grundsätze einhält, verkauft *mehr* in *kürzerer* Zeit und das mit einem geringeren persönlichen Aufwand. Das Buch ist faktenbasiert und begründet seine Aussagen auf Produktivitätsuntersuchungen von Verkäufern aus den letzten zwanzig Jahren. Die Aussagen sind abgesichert und belegbar. Auch wenn sie hier nicht in aller Breite dokumentiert sind, sind sie doch für den interessierten Leser ausreichend nachvollziehbar.

Die Logik, die hier beschrieben ist, gilt für *alle* Menschen, für die *Handlungsorientierung* in der Ausübung ihres Berufs wichtig ist, also für Verkäufer, Vertreter, Außendienstmitarbeiter, Kundenbetreuer sowie für akquirierende Manager und Unternehmer. Handlungsorientierung bedeutet, dass es Berufe gibt, bei denen Menschen nur durch Handlungen erfolgreich werden. Generell können die Erkenntnisse dieses Buches für viele Berufe in denen Handlungsorientierung wichtig ist, eingesetzt werden, wie zum Beispiel für Produktmanager und Dienstleister, aber auch für Politiker, teilweise auch für die Polizei und für Arbeitssuchende. Die Logik gilt dort *nicht*, wo zum Beispiel die pure Abwicklung eines Verkaufsakts im Vordergrund steht. Das ist dort, wo Menschen kaum eigenständig agieren können, wie etwa beim Verkaufen von Theater- oder Kinokarten an einer Abendkasse.

Das Buch ist die Antithese zur vorherrschenden psychologischen Erklärung des »erfolgreichen« Verkaufens. In keiner Zeile dieses Buches wird über das »eigentliche« Verkaufen – das Verkaufsgespräch oder die Arten der Gesprächsführung – gesprochen. Das Buch bildet demnach einen Gegenpol zur vorwiegend psychologisch dominierten Verkaufsliteratur. Dass es eine Logik gibt und dass sie richtig ist, beweist der Umkehrschluss: Ein Verkäufer, der *unwichtige* Kunden mit den *falschen* Aktivitäten, *selten* und auch noch *planlos* zur falschen Zeit betreut, ist garantiert erfolglos! Die Basis von professionellem Verkaufen sind die im Buch beschriebenen fünf Faktoren:

1. *Aktivitäten zu vermehren*: Dadurch steigen Ihre Chancen
2. *Die richtigen Aktivitäten setzen*: Dadurch konzentrieren Sie sich aufs Wesentliche
3. *Produktiver werden*: Das bedeutet, die richtigen Aktivitäten bei den besten Kunden auszuführen
4. *Besser verkaufen*: Dadurch beschleunigen Sie jeden Geschäftsfall
5. *Geplant verkaufen*: um leichter die Ziele erreichen zu können.

Werden alle fünf Faktoren laufend berücksichtigt, verkaufen Sie professionell: Sie werden, einfach gesagt, mehr Kunden mit weniger Aufwand betreuen und damit in kürzerer Zeit mehr verkaufen können.

Viel Erfolg auf Ihrem persönlichen Weg zum Profi-Verkäufer[1] wünscht Ihnen

Ihr Karl Pinczolits

1 Um die Lesbarkeit des Buches zu verbessern, wurde im Folgenden darauf verzichtet, neben der männlichen auch jedes Mal die weibliche Form anzuführen, die gedanklich selbstverständlich immer mit einzubeziehen ist.

Die fünf Faktoren, mit denen Sie zum Profi-Verkäufer werden

Die fünf Faktoren	15 Schlüssel	Sie bedeuten für Sie ...
Geplante Aktivitäten	Selbstführung	... sich selbst führen zu lernen
	Selbstwirksamkeit	... bessere Vorbereitung und den Einsatz von Werkzeugen lernen
	Ziele und Planung	... die strategischen Lücken kennen und schließen können ... durch weniger Stress und Belastung die Ziele erreichen
Bessere Aktivitäten	Verkaufsquoten	... die persönliche Verkaufsqualität verbessern
	Verkürzen von Verkaufsprozessen	... die Engpassaufgaben zuerst erledigen und die Verkaufsprozesse beschleunigen lernen
	Deal Flow erhöhen	... mehr Geschäfte mit mehr Kunden in der gleichen Zeit bewältigen können
Produktive Aktivitäten	Kundenpotenziale	... Stamm- und Neukundenpotenziale ausschöpfen
	Kundenproduktivität	... bessere Kunden mit weniger Aufwand betreuen
	Kundenprofitabilität	... auf profitable Produkte und Kunden konzentrieren

Richtige Aktivitäten	Verkaufstreiber	… gute verkaufsrelevante und falsche Aktivitäten auseinanderhalten können
	Schlüsselaktivitäten	… die allerwichtigsten Ihrer Aktivitäten kennen
	Reihenfolge der Aktivitäten	… den Überblick behalten, wissen wie Sie Ihre eigenen Aktivitäten planen und welche Vorgaben Sie sich setzen können
Mehr Aktivitäten	Verkaufszeit und Kundenzeit	… mehr Zeit für Ihre Kunden haben … die Zeit, die der Kunde für Sie hat, besser ausnützen
	Kontaktzahl	… mehr Kunden kontaktieren können … bei wichtigen Kunden mehr Zeit verbringen
	Chancenbasis	… die Chancenbasis verbreitern, aus einer größeren Chancenbasis die besten Verkaufsmöglichkeiten herausfiltern

Tabelle 1: Die Bedeutung der fünf Faktoren und 15 Schlüssel

Einführung

Menschen kaufen immer mehr
in immer kürzeren Zeitabständen ein.

Mindestens 100 000 Mal wird jede Sekunde ein Verkaufsakt abgeschlossen. Dabei wird ein Produkt oder eine Dienstleistung von einem Verkäufer an einen Kunden verkauft. Zählen wir alle Verkäufer dieser Welt zusammen: Zuerst einmal die 300 Millionen Menschen, die auf dieser Welt hauptberuflich als Außendienstmitarbeiter oder akquirierende Unternehmer Straßen, Bahnhöfe und Flughäfen füllen. Danach weitere 300 Millionen, die in einem Geschäft, einem Laden oder auf der Straße verkaufen, und dann noch einmal die 150 Millionen Menschen, bei denen das Verkaufen zumindest ein Teilbereich ihres Jobs ist. Wer all diese Menschen, die verkaufen, addiert, und dann diese Zahl mit den durchschnittlichen Verkäufen oder Abschlüssen dieser Verkäufer multipliziert, erhält die weltweiten Geschäftsabschlüsse pro Tag. Diese Zahl multipliziert mit den verkaufsaktiven Tagen, an denen der durchschnittliche Verkäufer pro Jahr tätig ist, ergibt 2 400 000 Millionen Verkaufsabschlüsse, die jährlich von allen Verkäufern dieser Welt abgewickelt werden. Wer diese Zahl durch die Sekunden eines Jahres dividiert, erhält 176 000 Abschlüsse pro Sekunde.

Wenn wir die letzten vierzig Jahre betrachten, dann haben sowohl die Anzahl der Verkäufer, als auch die Anzahl der Verkaufsakte und damit der Abschlüsse real stark zugenommen. Trotz der vielen Möglichkeiten, in den letzten zwanzig Jahren auch elektronisch, das heißt ohne den Verkäufer einzukaufen, nimmt die Zahl der persönlichen Verkaufsakte *trotzdem* täglich zu. Vor allem aber hat die Geschwindigkeit, mit der verkauft wird, dramatisch zugenommen. Verkäufer hatten früher generell viel mehr Zeit fürs Verkaufen und damit auch mehr Zeit, um ihre Ziele zu erreichen. Was ist passiert? Die gesamte Menschheit kauft immer *mehr* in immer *kürzeren*

Zeiteinheiten ein. Das ist der simple Hauptgrund! Es wird immer mehr und mehr verkauft. Das hatte bereits in den letzten vierzig Jahren gewaltige Auswirkungen auf den Beruf des Verkäufers. Die Anzahl der Verkäufer hat nicht in gleichem Maß zugenommen wie die Anzahl der abgeschlossenen Verkaufsakte. Daher musste sich der Verkäufer verändern. Ein Verkäufer hatte früher *mehrere* Jahre Zeit, um zum Beispiel *produktiv* zu werden. Heute verlangt man bereits oft im ersten Jahr, dass er viel mehr bringt, als er kostet. Im Schnitt muss jeder, der verkauft, je nach Branche alle *zwei bis sieben* Jahre das *Doppelte* von seinen Produkten und Dienstleistungen verkaufen, um das gleiche Gehalt und damit das gleiche Einkommen mit dem gleichen Kaufwert zu bekommen. Das trifft den selbstständigen Unternehmer, der laufend seine Umsätze erhöhen muss, genauso wie alle angestellten Verkäufer.

Profi-Verkäufer können immer mehr
in kürzerer Zeit verkaufen.

Wer die Verkäufer in ihrer Gesamtheit betrachtet, wird erkennen, dass die meisten von ihnen in der Vergangenheit tatsächlich immer mehr in immer kürzerer Zeit verkaufen konnten. Es haben bereits viele Veränderungen stattgefunden. So ist die Produktivität der Verkäufer durch professionelles Vorgehen in den letzten Jahrzehnten stark gestiegen. Das wird auch in Zukunft so sein müssen. Die Anforderung an Verkäufer, immer mehr zu verkaufen, wird es auch weiterhin geben. Bisher war es möglich, immer mehr zu verkaufen. Daher kann auch die folgende Behauptung aufgestellt werden: Es gibt keinen Verkäufer der Welt, der nicht noch mehr verkaufen kann, als er bereits bisher verkauft hat! Es ist ja bisher auch immer gelungen. Und spätestens jetzt stellt sich die entscheidende Frage: Wie ist das möglich?

Auf der anderen Seite haben die Möglichkeiten, zu produzieren, viel schneller zugenommen, als die Möglichkeit, reale Verkaufsakte mit Kunden abzuschließen. Je höher der Automatisierungsgrad, desto exponentieller steigen die Möglichkeiten, zu produzieren. In den meisten Fällen können Unternehmen immer mehr produzieren, als Verkäufer jemals zu verkaufen in der Lage sind. Es gibt Fälle, in denen die Produktion schier unendliche Ausmaße annimmt und ein Verkäufer niemals auch nur annähernd soviel an den Mann bringen kann. Jetzt stellt sich die nächste große Frage: Wie ist es möglich, immer mehr in immer kürzeren Zeitabständen zu verkaufen? Doch die Spirale zu höherer Anforderung an die Leistung von Verkäufern ist hier noch nicht am Ende. Meistens ist mit der Ausweitung der Produktion oder der Marktentwicklung ein Preisverfall verbunden. Wenn jetzt auch noch die Preise fallen, muss noch mehr verkauft werden. Die Beschleunigung der Verkaufsakte und die gigantischen Ausbringungsmengen der Produktion zwingen den Verkäufer quasi zu einer Professionalisierung seiner Arbeit. Wie professionell dabei die Verkäufer vorgehen, ist einer der zentralen Erfolgsfaktoren in den Märkten des einundzwanzigsten Jahrhunderts.

Wie kann ich immer mehr und noch mehr verkaufen? Das ist meiner Ansicht nach genau die passende Frage, die sich jeder Verkäufer stellen sollte und beschäftigt die Menschen zumindest seit Beginn des Handels mit Waren intensiv. Insgesamt gibt es nur ganz wenige Verkäufer, die nicht mehr verkaufen wollen, als sie bisher verkauft haben. Zusammenfassend kann also gefolgert werden, dass mehr verkaufen *wollen* und *müssen*. Wie das gelingen soll, erkläre ich in diesem Buch.

Verkaufstalent zu besitzen, ist zu wenig

Wer glaubt, seinen eigenen Verkaufserfolg *nur* durch eine Veränderung seines Verhaltens in den Griff zu bekommen, der irrt. Psychologische Aspekte und das Verhalten sind wichtige Bereiche beim Verkaufen, aber nicht die allein existierenden und schon gar nicht die allein gültigen. Wer zwar verkaufen kann, diese Fähigkeit aber nicht zum Laufen bringt, dem nützt letztlich auch die Fähigkeit wenig. In diesem Buch geht es nicht um Veränderungen Ihres Verhaltens direkt beim Kunden, sondern um die Professionalität im Job eines Verkäufers. Das beinhaltet Themen vom Umgang mit der eigenen Zeit bis zur Organisation des Jobs. Dieses Thema betrifft jeden, der im Verkauf steht. Warum?

Wer Talent hat, aber nichts daraus macht, wird schnell die Grenzen seines Handelns erkennen. Talente zu besitzen, bedeutet im Verkauf genauso wie in allen anderen Disziplinen wenig oder gar nichts. Ich habe bereits zu viele Verkäufer gesehen, in die niemand investieren wollte und die anschließend eine Top Performance brachten, und auch viele, die als Stars gehandelt wurden, die aber in der Realität versagten. Wer es nicht schafft, langfristig professionell zu arbeiten, dem nützen all seine Talente wenig. Erst durch die Professionalität beim Verkaufen können Sie Ihr Verkaufstalent voll entfalten. Wenn Sie alle Anleitungen und Methoden dieses Buches verinnerlichen, werden Sie Ihr Talent weit besser ausspielen können. Erst ein methodisch professionelles Vorgehen ist der Schlüssel zur Entfaltung Ihrer Verkaufstalente. Wenn Sie zum Beispiel besonders gut mit Menschen umgehen können, dann kann dieses Talent nur dann zur Entfaltung kommen, wenn Sie Kunden und Märkte richtig aufbauen und nachhaltig betreuen. Auch ohne Disziplin bedeutet Talent nichts; es gibt zu viele talentierte Versager, die zwar alle Voraussetzungen für erfolgreiches Verkaufen haben, es aber nicht schafften und nicht die Disziplin aufbrachten, ihre Talente auch einzusetzen.

Persönlichkeit einzusetzen, ist zu wenig

Der Einfluss von Persönlichkeit beim Verkaufen hat sich in den letzten Jahrzehnten wenig verändert. Wer ein Buch über das Verkaufen aus der Frühzeit des Verkaufens zur Hand nimmt, findet darin die gleichen großen Themen vor, die auch heute noch ihre Gültigkeit haben. Jeder neue Verkäufer, der vor vierzig Jahren mit dem Verkaufen begann, stand vor der gleichen Problematik wie ein Verkäufer, der heute beginnt. Bis auf einen großen und vielfach entscheidenden Unterschied: Wer heute im Verkauf beginnt, muss wesentlich *schneller* besser werden und das bedeutet, dass der Lernprozess rascher erfolgen muss. Der Verkäufer muss in der Lage sein, Verkaufsakte professioneller abzuwickeln. Persönlichkeit alleine ist daher für einen langfristigen und nachhaltigen Verkaufserfolg zu wenig. Persönlichkeit ist eine vielfach notwendige Basis und schafft vor allem Vertrauen beim Kunden. Aber erst die Professionalität bringt die Resultate. Persönlichkeit ist eine wichtige Voraussetzung, aber Profis zeichnen sich dadurch aus, dass sie *mehr* Aktivitäten ausführen als Durchschnittsverkäufer. Außerdem konzentrieren sie sich auf die *wichtigen* Aufgaben.

Persönlichkeit beim Verkaufen ist wichtig. Erst die Persönlichkeit schafft die Basis einer Kundenbeziehung und in der Folge das Vertrauen im Umgang mit dem Kunden. Persönlichkeit alleine ist aber zu wenig, um gut zu verkaufen. Erst die Professionalität schafft jene Resultate, die heute gefordert werden.

Profi-Verkäufer arbeiten anders

Wer professionell im Verkauf ist, baut ständig neue Kunden und Geschäftsmöglichkeiten auf und setzt bewusst die richtigen Aktivitäten bei den Kunden. Professionelle Verkäufer können wichtige von weniger wichtigen Kunden unterscheiden und sie auch entsprechend betreuen. Die Betreuung erfolgt rasch und unkompliziert und zu guter Letzt ist der professionelle Verkäufer in der Lage, den Prozess des Verkaufens in jedem einzelnen Verkaufsakt zu optimieren.

Talent und Persönlichkeit bringen
Vertrauen. Professionalität
jedoch bringt Resultate.

Ich kenne viele Menschen, die selbst gestellte oder ihnen übertragene Aufgaben komplizierter lösen, als es notwendig wäre. Menschen, die herumtrödeln und immer längere Zeit für eine Aufgabe benötigen als andere. Menschen, die schlicht überfordert sind, mehrere zusammenhängende Aufgaben zu lösen. Daneben gibt es viele, die große Schwierigkeiten haben, selbst einfache Dinge zu Ende zu bringen. Und es gibt andere, die mehr Zeit mit dem Reden über die Aufgaben verschwenden, anstatt die Aufgaben in der gleichen Zeit zu lösen. Sie sind vielfach motiviert, hoch intelligent, gebildet und häufig auch aktiv, sie haben viele Talente, sie sind nur eben eines nicht: professionell. Sie arbeiten zeitweise viel zu viel, denken über vieles intensiv nach und bringen dennoch nichts weiter, weil sie die falsche Arbeit in einer falschen Reihenfolge erledigen und über die falschen Dinge nachdenken. Viele wissen vor lauter Arbeit nicht, was zu tun ist, und haben keine Ahnung von der Logik erfolgreichen Arbeitens.

Produktivität ist das, was Sie als Mensch im Verhältnis zum erzielten Ergebnis der Arbeit einsetzen. Was heißt das konkret? Es bedeutet, dass ein produktiver Mensch immer aus den gleichen zur Verfügung stehenden Ressourcen wie Arbeitszeit, Kunden, Produkten und Dienstleistungen bessere Ergebnisse in weniger Zeit und mit geringerem Aufwand erzielt. Profis im Verkauf konzentrieren sich dabei auf folgende Themen:

Profi-Verkäufer konzentrieren sich auf ihre wichtigsten Aufgaben

Erstens bewerten Profis ihre Aufgaben und Aktivitäten. Sie vermeiden die Gleichbehandlung von Aufgaben und Aktivitäten. Nicht jede Aktivität bringt den gleichen Erfolg und oft wird der vertriebliche Erfolg schon erhöht, indem nur die Reihenfolge der auszuführenden Aktivitäten verändert wird. Die Gesamtzahl der Aktivitäten ist der Input für die Produktivität. Profis steigern ihre Produktivität, indem sie sich auf die wichtigen Aufgaben konzentrieren und versuchen, den Anteil dieser an ihren Gesamtaktivitäten zu erhöhen. Da die Zeit eines Verkäufers normalerweise mit Aktivitäten ausgefüllt ist, ist eine sorgfältige Planung der Aktivität wesentlich für die Produktivität.

Profi-Verkäufer verkaufen bei den besten Kunden

Zweitens können Profis besser verkaufen, indem sie die Auswahl ihrer Zielgruppen und teilweise auch ihrer Märkte beeinflussen. Wer die richtigen Kunden zur rechten Zeit mit den richtigen Produkten betreut, ist erfolgreicher. Zeiteinsatz und Aufwand in der Kundenbetreuung sind im Verhältnis zum möglichen Erfolg zu optimieren. Kunden und Märkte sind unterschiedlich und damit auch für Sie als Verkäufer unterschiedlich viel wert. Produktivität bedeutet, wertvolle Kunden von weniger wertvollen Kunden zu unterscheiden und dann entsprechend zu betreuen. Die Anzahl der richtigen Aktivitäten zur richtigen Zeit bei Ihren Kunden und Märkten ist hier der Schlüssel zu höherer Produktivität. Wenn Sie profitablere Kunden optimal betreuen, steigern Sie Ihre Produktivität.

Profi-Verkäufer erhöhen ihre eigene Verkaufsqualität

Der *dritte* Ansatzpunkt, der Ihnen zur Beeinflussung der Professionalität zur Verfügung steht, ist der konkrete Verkaufsakt oder ein konkretes Geschäft. Hohe Qualität beim Verkäufer bedeutet, einen Verkaufsakt professionell zu bearbeiten. Hier geht es darum, von den ersten Kontakten zu Kunden bis zu einer langjährigen Geschäftsbeziehung die Abwicklung der Verkaufsaktivitäten zu rationalisieren. Je *länger*, je *manipulationsintensi-*

ver, je *komplizierter* ein einzelner Verkaufsakt ist, desto niedriger ist Ihre Produktivität. Die Maßgröße, die wir hier ansetzen, ist der Deal Flow, das heißt der Durchfluss von Aufträgen, Geschäften und Verkaufsakten. Je höher Ihr Deal Flow ist, also die Abwicklung von Verkaufsakten pro Zeiteinheit, desto produktiver sind Sie. Einen hohen Deal Flow erreichen Sie, wenn Sie den Kunden *schnell* und *unkompliziert* betreuen können. Wer viele Verkaufsakte rasch und unkompliziert abwickelt, wird vom Kunden geschätzt und ist produktiver.

Profi-Verkäufer verbessern ihr Selbstmanagement

Die *vierte* Form von Professionalität ist die Ihrer eigenen Arbeitsorganisation. Sie setzen dann Ihre Arbeitskraft optimal ein, wenn Sie weder unterfordert noch überlastet sind. Eine gute Selbststeuerung erhöht die Produktivität, indem sie die Möglichkeiten des Marktes in *machbare* Aktivitäten umlegt.

Diese vier Themen Ihrer Professionalität können Sie eigenverantwortlich beeinflussen. Sie sind für Sie damit die Stellschrauben für Ihren Gesamterfolg im Vertrieb. Zusammenfassend heißt das, wenn Sie professionell sein wollen, müssen Sie die richtigen Aktivitäten in hoher Anzahl ausführen. Der Adressat sind die profitablen Kunden. Bei diesen sind dann viele unkomplizierte Verkaufsakte zu setzen.

Die Profi-Logik

Es ist eine der Grundregeln der vom Menschen geschaffenen Welt: Wenn Menschen etwas Neues schaffen, dann ist es meistens zuallererst *primitiv*. Mit zunehmender Beschäftigung mit dem Thema wird es dann *kompliziert* und wenn es längere Zeit kompliziert ist und sich der Mensch ausreichend mit dem Thema beschäftigt hat, wird es *einfach*! Viele technische Entwicklungen folgen dieser Logik. Diese Grundlogik umfasst dabei viele Lebensbereiche des Menschen. Die gesamte Palette an Technologie hat sich von primitiven Anwendungen zu komplizierten entwickelt, um dann wieder einfach zu werden. Logik ist ein Grundbedürfnis des Menschen. Wer eine

Logik versteht, arbeitet anders und vor allem entspannter, als wenn er sie nicht versteht. Diese Logik vereinfacht die Komplexität der Welt und dient als Richtschnur für die eigenen Aktivitäten. Das Streben nach Einfachheit ist immer wichtiger, je komplexer die Welt wird. Wer eine Logik versteht, für den wird die Welt wieder einfach. Wenn ein Jungunternehmer vor der Aufgabe steht, Kunden für sein junges Unternehmen zu finden, dann dauert es in der Regel sehr lange, bis er diese drei Phasen durchlebt hat. Wenn er eine Logik anwendet, dann hat er die Möglichkeit, schneller in die Phase eines einfachen Kunden- und Marktaufbaus zu gelangen. Die Vorteile einer Logik im Verkauf sind: *Erstens* wird der Verkaufsprozess vereinfacht, das heißt, wer die Logik seiner Arbeit versteht, handelt sicherer, präziser und er ist auch viel schneller. Sicherheit, Präzision und Geschwindigkeit führen zu einem höheren Deal Flow, das schafft die Möglichkeit, mehr Kunden in der gleichen Zeit optimal betreuen zu können und mehr Umsatz/Absatz und Profit zu erzielen. So sind Top-Verkäufer in der Lage, in der gleichen Zeit doppelt so viele Geschäfte wie Durchschnittsverkäufer abzuwickeln.

Zweitens gibt eine Logik auch Halt und dieser ist vor allem in bewegten Zeiten und bei Unerfahrenheit wichtig. Wenn neue Produkte in Märkte eingeführt oder aufgebaut werden, dann sind das unsichere Prozesse, die zu Produktivitätsverlusten führen. Wer einer Logik folgt, kann schneller professionell arbeiten. Wenn Sie am Abend nach Hause gehen und sich fragen, was Sie heute geleistet haben, dann führt das Befolgen einer Logik zu mehr Klarheit und Transparenz der eigenen Leistung und dadurch zu einem besseren Leistungsgefühl. Dieses Leistungsgefühl ist sehr wichtig für das subjektive Wohlbefinden im Leben als Verkäufer. Wenn Sie einen handlungsorientierten Job haben und zum Beispiel Verkäufer sind, dann muss Ihnen klar sein, dass Sie letztlich für Ihre Produktivität verantwortlich sind. Es ist Ihre Lebenszeit, die Sie einsetzen und Sie verbinden beruflichen Erfolg meist auch mit einem privaten.

Kann ein Verkäufer das Verkaufen lernen?

Eine wichtige Frage, die gleich am Beginn geklärt werden soll: »Kann man verkaufen lernen?« Diese Frage hängt eng mit dem Thema zusammen, ob Verkaufen ein Handwerksberuf ist oder man Talent haben muss, so wie man für künstlerische Tätigkeiten eine Gabe braucht. Meine Antwort zu dem Thema lautet: Verkaufen ist zu 95 Prozent Handwerk und nur zu 5 Prozent Kunst. Wahrscheinlich ist es für viele im Verkauf stehende Menschen schmeichelnd zu sagen: Verkaufen ist eine künstlerische Tätigkeit - aber wie auch bei anderen Tätigkeiten ist man als guter Verkäufer zu 95 Prozent mit dem Handwerk beschäftigt, das wir mehr oder weniger professionell beherrschen und nur 5 Prozent mit Kunst. Wenn Ärzte, Rechtsanwälte, Wirtschaftsberater und andere professionelle Berufe ausgeübt werden, dann haben wir es mit der gleichen Verteilung zwischen Handwerk und Kunst zu tun, daher ist die Botschaft an Sie: Ärmel aufkrempeln und sich anzustrengen, um professioneller zu werden, zahlt sich aus.

Ein weiteres Postulat dieses Buches ist: Professionelles und produktives Verhalten kann erlernt werden. Niemand kommt professionell und produktiv auf die Welt. Wir lernen Produktivität, indem wir lernen, mit unserer Energie und unserem Einsatz Resultate zu schaffen, und wir müssen erkennen, dass Energie nicht endlos zur Verfügung steht. Auf der anderen Seite stehen aber die Ergebnisse, die angestrebt werden müssen, die erwartet werden, zu denen wir uns verpflichtet haben. Wir lernen in der Schule, mit einem sinnvollen Einsatz die Prüfungen zu bestehen, vor allem dann, wenn drei Prüfungen gleichzeitig zu bestehen sind und nicht genügend Zeit ist, alles zu lernen. Wir lernen beim Hausbau, auf die Kosten und die Zeit zu achten und die Ressourcen der Welt sinnvoll, das heißt produktiv zu nutzen. Im Verkauf sind die Ressourcen die Arbeitskraft des Verkäufers und die Kunden, die wir sinnvoll einsetzen wollen. Wie kann professionelles Verhalten gelernt werden? Der erste von den Menschen gewählte Weg ist, über Versuchs- und Irrtumskombinationen professionelles Verhalten zu erlernen. Die zweite Möglichkeit ist, Sie haben ein Vorbild, von dem Sie sich professionelles Verhalten abschauen können.

Warum Training häufig sinnlos ist

Verkäufer sind die am meisten trainierten Menschen in einem Unternehmen. Vergleicht man die Trainingstage mit anderen Mitarbeitern, dann erkennt man, dass Verkäufer sich am meisten weiterbilden. Im Schnitt ist der angestellte durchschnittliche Außendienstmitarbeiter sieben Tage im Jahr auf Aus- und Weiterbildung. Viele Trainingsprogramme in Unternehmen setzen aber auf das falsche Pferd, da in vielen Fällen das Interessante, Plakative und vielfach Künstlerische am Verkaufen gelehrt wird und kaum das nüchterne, nicht minder wichtige Handwerkszeug. Professionell zu agieren setzt aber immer voraus, dass das Handwerkszeug, welches den meisten Teil der Arbeit eines Verkäufers ausmacht, einfach beherrscht wird.

Im Folgenden wenden wir uns den sechs wichtigsten Prinzipien für professionelles Arbeiten zu.

Die sechs wichtigsten Prinzipien

Die gesamte Managementliteratur der letzen hundert Jahre basiert auf einigen wenigen Prinzipien, die weltweit in unzähligen Varianten und Namen verwendet und anerkannt sind und die immer wieder zur Erklärung von Erfolg im weitesten Sinne herangezogen werden. Sie bilden heute die Grundlagen und den Ausgangspunkt jeder Form von rationellen und optimierten Arbeiten. Im Verkauf gelten diese Regeln genauso, sie werden aber um weitere Regeln ergänzt, die nur für handlungsorientierte Berufe gelten. Doch zuerst einmal ist es wichtig, die einzelnen Regeln auseinanderzuhalten und getrennt von einander zu verstehen.

Effektivität und Effizienz

Das erste Prinzip, das für das Thema professionelles Verkaufen wichtig ist, ist die Unterscheidung von Effektivität und Effizienz sowohl in der Auswahl als auch in der Ausführung von Tätigkeiten. Diese Regel wurde vor allem von Peter Drucker vorgestellt. Sie besagt, dass es wichtiger ist, die richtige Arbeit zu machen, als eine Arbeit richtig zu machen. Diese Regel gilt im Verkauf sowohl bei der Auswahl von Kunden als auch bei der Bearbeitung von Aufgaben. Die Konzentration auf Wichtiges ist ein weiteres Prinzip, das von Peter Drucker formuliert wurde. Es fordert, alle Energien eben auf diese wichtige Aufgabe zu lenken und diese konzentriert abzuarbeiten. Erst wenn diese Aufgabe erledigt ist, soll man sich der nächsten zuwenden. Diese Regel zeigt uns auch, dass es einen großen Unterschied zwischen der Qualität und der Quantität eines Verkäufers gibt. Wer eine hohe Qualität in der Ausführung hat, muss nicht unbedingt produktiv sein. Er macht etwas sehr gut, aber bei den falschen Kunden, mit falschen Produkten oder in einem für das Geschäft unwesentlichen Bereich. Produktive Menschen müssen sich um die Qualität nicht so sehr bemühen. Das heißt nicht, dass die Qualität unwichtig ist, aber letztlich ist der Verkaufserfolg bei produktiven Verkäufern höher. Diese Regel zeigt uns die Reihenfolge und die Logik: Es ist wichtig, zuerst produktiv zu sein und danach eine hohe Qualität in der Ausführung zu haben.

Nutzen schiefer Verteilungen

Das zweite interessante Phänomen ist die Existenz von schiefen Verteilungen. Schiefe Verteilungen zeigen uns den Weg zu besseren Resultaten. Die wohl bekannteste rechtsschiefe Verteilung ist die Pareto-Regel, die besagt, dass wir in der Regel mit 20 Prozent des Inputs 80 Prozent des Outputs erzeugen, also zum Beispiel, dass wir mit 20 Prozent unserer Kunden 80 Prozent unserer Umsätze erzielen oder dass wir mit 20 Prozent unserer Aufgaben 80 Prozent unserer Erfolge erreichen. Dieses Prinzip hilft uns vor allem bei der Kunden- und Aufgabenauswahl. Es lehrt uns, Kriterien für die Unterscheidung zwischen den wichtigen und den überflüssigen Dingen zu finden. Das Werkzeug, das wir hier anwenden, ist das Sortieren und das Reihen von Aufgaben und von Kunden sowie von Produkten und Dienstleistungen. Das heißt wer sortiert und reiht und dadurch erkennt, was wichtig ist, die Prioritäten festlegt und sich bei der Bearbeitung der Aufgaben an die Vorgaben hält, arbeitet produktiver. Durch den Einsatz von rechtsschiefen Verteilungen lassen sich die Prioritäten im Verkauf festlegen, zum Beispiel welche Chance am ehesten zu nutzen ist, welche Kunden vorrangig zu betreuen sind, welches Angebot am wichtigsten nachzufassen ist, welche Reklamation zuerst bearbeitet werden sollte und welcher Neukunde als erster kontaktiert werden muss, weil er das höchste Einkaufspotenzial hat.

Zeit und Aufwandsdruck

Ein weiteres Grundprinzip der professionellen Arbeitswelt stammt von Parkinson. Es besagt, dass die persönliche Produktivität bei einer Erhöhung des Zeit- und Aufwandsdrucks steigt. Das bedeutet, wenn kein Druck vorhanden ist, wird eine vorgegebene Arbeit länger dauern und mehr Aufwand benötigen. Wer also drei Tage Zeit für eine Aufgabe hat, benötigt auch drei Tage. Hat er jedoch fünf Tage Zeit, werden auch die fünf Tage für genau die gleiche Aufgabe benötigt und vielleicht wird sie sogar umständlicher erledigt. Dieses Prinzip zeigt uns, wie wichtig es ist, Vorgaben zu haben. Es ist von großer Bedeutung, seine eigene Arbeit zu planen und zu steuern und sich bei allem, was getan wird, eine Vorgabe zu setzen. Diese Vorgaben sollen sowohl den Aufwand als auch den Zeitbedarf von Aktivitäten umfassen. Wer den Tag ohne Vorgaben beginnt, der braucht länger und arbeitet umständlicher. Jeder Mensch kann seine eigene Produktivität erhöhen, indem er sich am Beginn einer Arbeit einen Überblick über den Zeitbedarf und seinen persönlichen Einsatz schafft. Als nächstes wird die Vorgabe für Zeit und Aufwand festgelegt und erst danach mit der Arbeit begonnen. Vorgaben bewirken einen Zeit- und Aufwandsdruck, also eine Konzentration auf die Erledigung einer Arbeit in einer vorgegebenen Zeit und einem definierten Aufwand. Dieses Prinzip ist vor allem bei den Vorgaben von Aktivitäten, bei der Planung und Organisation sowie bei den eigenen Zielsetzungen wichtig.

Postulat der Handlungsorientierung

Wenn wir diese ersten drei Prinzipien betrachten, so gelten diese Regeln allgemein für jede Form eines wirtschaftlichen Handelns. Im Verkauf müssen wir diese drei Prinzipien um ein viertes ergänzen: um das Prinzip der Handlungsorientierung, welches besagt, dass nur ein Mensch, der auch aktiv handelt, erfolgreich sein kann. Dieses Prinzip wurde von Goethe (»Nur wer ewig strebend sich bemüht …«) und von Moltke (»Nur der Tüchtige hat das Glück …«) als Prinzip des Handelns vorgestellt. Das Handeln und die Aktivität sind die Ausgangspunkte beim professionellen Verkaufen. Und noch mehr – dieses Prinzip bildet Anfangs- und Ausgangspunkt jeder vertrieblichen Arbeit. Wer keine Aktivitäten setzt, kommt mit weniger Kunden in Kontakt und kann dann niemals die gleiche Effektivität und Effizienz erreichen wie jemand, der viele Aktivitäten setzt. Und nur wer Chancen hat, kann die wichtigen von den unwichtigen Chancen unterscheiden. Die richtigen Aktivitäten bei den Kunden zu kennen und zu steigern, erhöht das Chancenpotenzial des Verkäufers, und erst wer dieses Chancenpotenzial hat, kann produktiv arbeiten. Dieses vierte Prinzip ergänzt im Verkauf die klassischen Gesetze der Produktivität.

Optimieren und rationalisieren

Eine grundsätzliche Entscheidung, die Sie immer dann im Leben treffen müssen, wenn Sie eine Aufgabe bearbeiten, ist die Entscheidung zwischen Optimieren und Rationalisieren. Die wichtige Erkenntnis ist die, dass Sie nur schwer beide Prinzipien gleichzeitig und schon gar nicht im gleichen Ausmaß berücksichtigen können. Dafür sind die Methoden, die Werkzeuge und die dazu notwendige Geisteshaltung zu unterschiedlich. Optimieren bedeutet, alles, was Sie an Ressourcen haben, Ihre Zeit, Ihre Kontakte, Ihre Chancen und Ihre Fähigkeiten, optimal einzusetzen. Das Ziel beim Optimieren ist, das bestmögliche Ergebnis bei dem, was wir tun, zu erreichen. Das Rationalisieren geht einen anderen Weg als das Optimieren. Rationalisieren ist ein Werk, ein Projekt, einen Auftrag – wie zum Beispiel das Schreiben eines Angebots oder eine Bestellabwicklung – mit dem geringst möglichen persönlichen Einsatz zu erreichen. Profi-Verkäufer sind in beiden Welten zuhause, sie können optimieren und rationalisieren, aber niemals zur gleichen Zeit und im gleichen Arbeitsschritt. Sie können sowohl optimieren, wenn es darum geht, neue Chancen und Möglichkeiten zu erkennen, als auch Arbeitsabläufe rationalisieren, um mehr Zeit für das Verkaufen oder für die eigene Freizeit zu haben. In der Praxis ist es immer schwer, umzuschalten. Daher empfehle ich auch hier, mit klaren Vorgaben zu arbeiten, und wenn dieses Ziel Optimieren heißt, dann ist es wichtig, offen für Neues zu sein und das eigene Talent einzusetzen. Wenn das Ziel Rationalisieren heißt, dann sollten Sie in der Lage sein, konsequent die richtigen Dinge zu streichen, wegzulassen und vieles, auch wenn es nicht angenehm ist, zu minimieren. Der Wirkungsgrad von Optimieren und Rationalisieren kann sehr unterschiedlich sein. So ist es möglich, sich beim Optimieren exponentiell zu verbessern, während die Verbesserungen beim

Rationalisieren häufig nur lineare Ergebnisverbesserungen bringen. Und auch der chronologische Ablauf, wann optimiert und wann rationalisiert wird, kann entscheidend sein. Die richtige Reihenfolge ist, die besten und wichtigsten Kunden auszuwählen und zu betreuen. Erst wenn Sie diesen Schritt absolviert haben und damit erfolgreich sind, können Sie die Arbeitsabläufe beim Kunden rationalisieren. Wenn Sie diese Reihenfolge einhalten, sind Sie auf jeden Fall erfolgreicher, als wenn Sie bei einem unwichtigen Kunden rationalisieren.

Zeitmanagement

Ein weiteres Prinzip, das vor allem aus dem Zeitmanagement kommt, ist die Unterscheidung zwischen wichtig und dringend. Wer Wichtiges zuerst erledigt, ist produktiver. Im Verkaufsprozess gibt es aber auch spezielle Situationen, in denen das Bearbeiten von dringenden Themen die Produktivität steigert. Das gilt für einige wenige Bereiche im Verkaufsprozess, bei denen kleine Aufgaben plötzlich und unverhofft extrem dringend werden. Werden sie dann nicht bearbeitet, hat alles, was bisher gemacht wurde, plötzlich keinen Sinn mehr. Wer sät, darf auch das Ernten nicht vergessen. Das Ernten im Vertrieb ist oft nur ein kleiner Arbeitsschritt, der, wenn er nicht zur rechten Zeit gemacht wird, die bisherigen Mühen zunichte macht.

Wenn Sie einen Verein gründen und wollen, dass dieser viele Mitglieder bekommt, dann sind diese Erkenntnisse genauso anzuwenden, wie wenn Sie einen neuen Arbeitsplatz suchen. Sie werden in beiden Fällen erfolgreich sein, wenn Sie professionell handeln. Professionalität ist erlernbar und Sie benötigen keine Voraussetzungen – bis auf ein logisches Grundverständnis der Zusammenhänge des Verkaufens. Viele im Verkauf stehende Menschen müssen daher nur wenig verändern, um professioneller zu werden.

Die sieben Eigenschaften unprofessioneller Verkäufer

Häufig wird man von der Öffentlichkeit und auf Podiumsdiskussionen gefragt, welche Eigenschaften Verkäufer haben müssen, um erfolgreich zu sein. Ich muss gestehen, dass es immer schwierig ist, diese Frage spontan zu beantworten. Der nachfolgende Vergleich ist eine kleine Idealisierung. In der Realität wird die Ausprägung zwischen professionell und unprofessionell nicht so dramatisch ausfallen. Das erste Thema ist der professionelle Umgang mit der Zeit. Beim unproduktiven Verkäufer ist der Anteil der Kundenzeit an der Gesamtarbeitszeit gering. Das professionelle Management der Kontakte mit den Kunden und Geschäftspartnern ist ein weiteres Kennzeichen professioneller Verkäufer. Der dritte Ansatz ist die Bearbeitung von Chancen. Der professionelle Verkäufer kann aus seinen Kontakten Chancen entwickeln, der unprofessionelle lässt viele Chancen ungenutzt. Aber ich versuche es hier von der anderen Seite zu erklären. Der unproduktive Verkäufer verbringt bei den falschen Kunden seine Zeit und ist umständlich und ungeplant. Das folgende Ranking beschreibt sieben Gründe, warum Sie es als Verkäufer nicht schaffen werden, erfolgreich zu sein, wenn Sie sich so verhalten.

Schlechte Eigenschaft, Platz 7

Der Verkäufer ist fachlich nicht versiert, er kennt sich nicht aus und er ist unprofessionell in der Abwicklung seiner Arbeit. Versprechen an seine Kunden werden nicht gehalten. Arbeit wird verschleppt. Der Verkäufer wirkt unseriös und er will nicht verkaufen. Der Verkäufer fühlt sich als etwas Besseres und zeigt das den Kunden auch. Nur der erste Eindruck ist gut, alle weiteren werden immer schlechter.

Schlechte Eigenschaft, Platz 6

Zeitverschwendung durch »sanfte Süchte«, allzu salopper Umgang mit Disziplin. Beispiele sind hier Computerspielen, endlose Email-Kontakte, zu viel und unnötige Administration, zu viele Gespräche mit Kollegen, zu lange private Telefonate. Umständlich und kompliziert sein, Dinge verschleppen und Dinge länger machen als notwendig. Die Eigenschaft zum Selbststarten fehlt völlig.

Schlechte Eigenschaft, Platz 5

Faulheit ist für Verkäufer besonders schlecht, denn anders als beim Arzt, zu dem die Patienten hingehen, ist es beim Verkäufer umgekehrt: Er muss sich meistens bemühen, um zu seinen Kunden zu kommen. Verkäufer haben einen handlungsorientierten Beruf, der es einfach mit sich bringt, aktiv zu sein und sich nicht auf bestehenden Erfolgen auszuruhen. Sich körperlich und geistig gehen zu lassen, bedeutet für den Verkäufer, meist weniger Energie für die Arbeit zu haben. Verkäufer müssen die Fähigkeit aufweisen, sich immer wieder an neue Märkte und Kunden anzupassen, und dazu gehört eine hohe geistige und körperliche Agilität.

Schlechte Eigenschaft, Platz 4

Negatives Denken und Grübeln verhindern die Möglichkeit, in neuen Wegen zu denken, neue Chancen zu erkennen und Möglichkeiten auszuloten. Eine wesentliche Eigenschaft für den Verkäufer ist es, zukunftsorientiert denken zu können. Umfallen und Liegenbleiben nach einem Kunden- und/oder Auftragsverlust ist ein großes Problem, da die Marktpräsenz ab diesem Zeitpunkt abreißt und keine neuen Möglichkeiten für die Zukunft aufgebaut werden können. Schlecht ist, wenn der Verkäufer nicht die Fähigkeit hat, sich sofort auf neue Chancen zu konzentrieren und immer wieder neu beginnen muss.

Schlechte Eigenschaft, Platz 3

Schlampig sein im Umgang mit Menschen. Hier ist es vor allem die Unfähigkeit, schwache aber geschäftlich wichtige Beziehungen zu halten und pflegen zu können. Jeder Verkäufer sollte in der Lage sein, ein Netzwerk an Beziehungen aufrecht zu halten und laufend zu erweitern. Bei Ablehnung reagiert der Verkäufer persönlich beleidigt, er kann es nicht ertragen, dass er den Auftrag nicht gewonnen hat und zeigt es auch dem Kunden.

Schlechte Eigenschaft, Platz 2

Unorganisiert sein, keine Klarheit besitzen über die Auswirkungen der eigenen Aktivitäten. Möglichkeiten, Chancen und die eigene Selbstwirksamkeit nicht einschätzen können. Das Selbstwirksamkeitsgefühl fehlt vollkommen. Chaotische Verkäufer, so sympathisch sie auch sein mögen, werden von den Kunden zwar akzeptiert, aber nicht respektiert.

Schlechte Eigenschaft, Platz 1

Antriebslos und ziellos sein, keine Eigenmotivation haben, warten bis etwas von außen kommt. Wer keinen eigenen Antrieb hat, kann in der Regel nicht in einem Vertriebsjob bestehen und er sollte in einen Job wechseln, in dem wenig eigenverantwortliche Aktivität notwendig ist.

Ursprünglich hatte ich an die Spitze der Pyramide die Faulheit gestellt, aber es gibt eine Form der Faulheit, die durchaus geeignet ist, die eigene Produktivität zu erhöhen: Es ist der Wunsch, mit immer weniger Arbeit mehr zu erreichen.

Dieses Buch ist nicht eine einmalige aktuelle Lektüre, die man liest und dann weglegt, sondern es ist für alle Menschen, für die Verkaufen ein Teil des Lebens ist, ein langjähriger Begleiter. Aber alleine der Besitz des Buches wird Sie nicht besser verkaufen lassen. Das Buch kann aber eine Standortbestimmung sein, wie professionell Sie bereits verkaufen. Bedenken Sie immer: Sie sind als Verkäufer zu jedem Zeitpunkt Ihres Verkäuferlebens einzigartig und Sie verändern sich naturgemäß im Laufe Ihres Verkäuferlebens. Aber auch die Produkte und Dienstleistungen, die Sie anbieten, verändern sich. Daher werden es auch immer wieder andere Themen in diesem Buch sein, die gerade Ihre Aufmerksamkeit verdienen. Wie kann jetzt jeder Verkäufer professioneller werden? Das ist in den folgenden fünf Faktoren zusammengefasst. Jeder Faktor kann dabei übersprungen werden, wenn Sie das Gefühl haben, dass dieses Thema nicht relevant für Sie ist. Das Hauptziel dieses Buches ist es, Sie zum Handeln anzuregen.

Kapitel 1

Erst Aktivität, dann Produktivität und Qualität

Die Logik des Verkaufens

Wer ist der natürliche Feind eines Verkäufers? Wer diese nicht ganz ernstgemeinte Frage an viele Verkäufer stellt, erhält dabei überraschende Antworten. Nein, in erster Linie werden nicht die harten Einkäufer oder gar die unangenehmen Kunden genannt. Die Führung in der »natürlichen Feinde-Statistik« von Verkäufern übernehmen Controller und Finanzmanager, gefolgt von Marketing, Personal und Technik. Wie lässt sich das erklären? Sind Menschen, die verkaufen, tatsächlich anders? Die Antwort ist: Ja, sie sind anders und sie müssen auch anders sein, wenn sie erfolgreich sein wollen. Verkäufer werden einfach nicht verstanden. Sie erkennen häufig nur an den Reaktionen oder gar am Unverständnis der Umwelt, dass Sie als Verkäufer eine andere Logik in der Ausübung Ihres Berufs verfolgen. Verkäufer fühlen sich von der Umwelt häufig unverstanden und fehlinterpretiert. Das führt dazu, dass viele Verkäufer all die »anderen«, wie Controller, Finanzer, Techniker, Marketing, Produktion oder Service, als *natürliche* Feinde betrachten, sich abschotten, zu kämpfen beginnen oder sich unterordnen und anpassen. Und all die »anderen« betrachten Verkäufer oft als *kuriose* Wesen einer anderen Welt. All diese Verhaltensweisen sind grundfalsch, denn das Verkaufen basiert auf einer anderen Logik, die akzeptiert, erlebt, verstanden und auch stolz kommuniziert werden muss. Erst wenn der Vertrieb voll und ganz hinter *seiner* Logik steht und diese Logik tagtäglich umsetzt, wird er erfolgreich sein. Und Verkäufer haben in der Regel bereits verloren, wenn sie sich an die Logik ihrer Umwelten anpassen. Verkauf ist anders, funktioniert anders und hat demnach auch eine andere zugrunde liegende Logik als das Controlling, das Marketing, die Finanzen und die Produktion. Nur wer die Logik des Verkaufens versteht und für sich nutzt, vereinfacht seinen Verkaufsjob, reduziert die Komplexität des Verkaufens und hat damit die Möglichkeit, zum eigentlichen Sinn des Verkaufens zurückzukehren. Die meisten Dinge des Lebens haben eine Logik. Auch wenn sie nicht immer sichtbar und vordergründig ist, ist sie dennoch immer vorhanden. Jeder Landwirt weiß, dass er zuerst die Saat ausbringen muss, bevor er ernten kann, und genau wie in vielen anderen Bereichen gibt es auch im Vertrieb eine Logik. Die Logik besagt, dass der Verkäufer zuerst aktiv sein muss, bevor er produktiv sein kann.

Aktivität – Produktivität – Qualität

Die Logik im Verkauf lautet vereinfacht, zuerst die Aktivitäten vermehren, dann produktiv sein und erst am Schluss des Prozesses die Qualität ins Spiel bringen. Das folgende Beispiel soll die Wirkungsweise der Logik verdeutlichen: Ein erfahrener Verkäufer führt einen jungen und neuen Verkäufer in seinen Beruf ein. So wie beim Erlernen von Schwimmen oder Radfahren ist es ohne ausreichende praktische Erfahrung fast unmöglich, gut zu verkaufen. Daher sind Menschen mit Erfahrung im Verkauf ein Glück für die Unerfahrenen, wenn diese bereit sind, das Wissen der Erfahrenen aufzunehmen. Es ist immer gut, wenn jungen Verkäufern ein erfahrener Partner zur Seite steht, der viele Irrtümer auf eine einfache Art und Weise aufdeckt. Einem erfahrenen Verkäufer wurde nun ein neuer Verkäufer zur Seite gestellt. Der neue Verkäufer war ausgebildeter Techniker, der den Sprung in den Vertrieb gewagt hatte. Die beiden Verkäufer führten regelmäßige Gespräche über das Leben und die Perspektiven als Verkäufer und sie machten auch gemeinsame Kundenbesuche. Dem erfahrenen Verkäufer fiel auf, dass sein junger Kollege viel Wert auf Qualität legte. Der ältere Verkäufer hatte von dem Neuen einen guten Eindruck, was dessen Verhalten und Auftreten anging. Aber ihm fiel auf, dass der neue Kollege, verglichen mit seiner eigenen Arbeitsweise, viel zu oft mit Abwicklungsthemen beschäftigt war. Dadurch hinkte er bei der Realisierung seiner Ziele nach.

Die Reihenfolge einhalten

Der junge Verkäufer war sympathisch, nett und strebsam, aber er hatte aus Sicht des erfahrenen Verkäufers die Grundregeln des Verkaufens noch nicht begriffen, die lauten: Zuallererst handeln, dann produktiv werden und ganz zuletzt die persönliche Qualität ins Spiel bringen. Er startete das Spiel von der falschen Seite und erzielte daher nur bescheidene Ergebnisse. Verkaufen hat einige Grundregeln, die unbedingt einzuhalten sind. Wer das ignoriert, erkennt es am Ende des Tages an den Ergebnissen.

Profi-Verkäufer achten zuerst auf die Quantität, danach erst bringen sie ihre Verkaufsqualität ins Spiel.

Der erfahrene Verkaufsleiter fragte den jungen Kollegen, welche Berufsgruppen seiner Meinung nach schlecht verkaufen. Der Kollege verstand weder den Sinn der Frage, noch konnte er sie beantworten. Daraufhin antwortete der erfahrene Verkäufer: »Es sind Techniker, Ärzte, Controller und Banker, die häufig schlecht verkaufen! Weil sie Qualitätsdenker sind und bei ihnen Qualität immer an erster Stelle steht. Nicht, dass Qualität schlecht ist, aber alles zu seiner Zeit.« Und er setzte noch etwas hinzu: »Qualitätsdenker haben in der Regel Probleme mit dem puren Handeln.« Daraufhin wollte der junge Verkäufer wissen: »Was bedeutet pures Handeln? Ich arbeite doch rund um die Uhr.« Der väterliche Verkäufer, dessen eigener Diskobesuch mindestens 20 Jahre zurücklag, versuchte den Anschluss an die Welt des jungen Verkäufers zu finden und den Zusammenhang mit einem Diskobesuch zu erklären. Was bedeutet es für einen jungen, männlichen Menschen, in einer Disko Erfolg bei Frauen zu haben?

Mehr Chancen – aktiv sein

Wer ein Mädchen in einer Diskothek kontaktieren will, der muss zuerst einmal in die Disko gehen. Wenn er das nicht macht, nutzt ihm sein ganzes Talent nichts. Das »in die Disko gehen«, also das Hingehen, ist der Ausgangspunkt und die Basis jedes Erfolgs. Das ist die erste, simpelste und wichtigste Grundregel des Verkaufens. Wenn das nicht getan wird, gibt es keinen Erfolg. Erst wenn der junge Mann in der Disko ist, hat er die Chance, dort ein Mädchen kennenzulernen. Das klingt trivial, doch es ist wichtig. Verkäufer haben einen handlungsorientierten Job und müssen sich bewegen, aktiv sein, sie müssen die Arbeitszeit beim Kunden verbringen und sie müssen laufend nach neuen Chancen Ausschau halten. Denn wer keine Chancen hat, kann letztlich nichts verkaufen, aber das ist erst der Anfang der Logik.

Für Sie als Verkäufer heißt das, viel Zeit beim Kunden und im Markt zu verbringen und so wenig wie möglich im Büro zu sein. Je mehr wir beim Kunden leben, desto mehr Chancen werden von uns entdeckt und umso mehr Möglichkeiten gibt es, Geschäfte anzubahnen. Das ist genauso wie in der Disko.

Das Richtige tun – produktiv sein

Der nächste Schritt ist es, das Richtige zu tun. Das bedeutet vor allem zwei Dinge: Der erste wichtige und richtige Schritt ist es, die Bereitschaft zum richtigen Handeln mitzubringen. In unserem Beispiel ist also die richtige Aufgabe in der Disko Mädchen anzusprechen und sich nicht nur mit dem Kellner oder seinen Freunden zu unterhalten. Denn das füllt zwar die Abendstunden aus, führt aber nicht zum Ziel. Der zweite wichtige und richtige Schritt ist es, einen Auswahlprozess durchzuführen, also das richtige Mädchen anzusprechen.

An dieser Stelle erklärt der ältere Verkäufer aus unserem Beispiel dem jüngeren: »Hier beginnt der erste Auswahlprozess und diese Entscheidung, die hier getroffen wird, wirkt auf die Produktivität. Mädchen, die mit ihrem Freund in der Disko sind, kann man ausschließen. Also sieht man sich im Raum um und taxiert zuerst alle Mädchen, sondiert gedanklich zuerst die gebundenen aus und dann die, die einem nicht gefallen oder nicht zu einem passen. Anschließend bleiben noch einige über, an die man sich nun wenden kann.«

Hier darf man nicht den Fehler begehen, die zu Hübschen und vermeintlich Unerreichbaren auszuklammern. Genau dieses Thema beschäftigt uns auch im Verkauf. Oft entscheidet nicht der Wert der Kunden, sondern unser Anspruchsniveau, ob wir einen allzu guten Kunden ansprechen oder eine ganz tolle Gelegenheit nutzen.

Zurück beim Disko-Beispiel sollte man die der in die engere Auswahl kommenden Frauen ansprechen, die als erste von sich aus einen suchenden Blick auf den jungen Mann wirft. Die Begründung: Die Entscheidung zum Kontakt trifft die Frau! Wenn sie nicht will, sind alle Bemühungen nur leere Kilometer. Das sind die beiden Basisregeln für die Aktivität und für die Produktivität bei Anbahnungsgesprächen in Diskos. Was bedeutet das für uns im Verkauf? Es bedeutet, einen Überblick über all unsere Kunden zu haben und dann entweder die suchenden Kunden sofort abzuschließen oder die mit den zurzeit höchsten Potenzialen zuerst zu betreuen und überall dort präsent zu sein, wo wir mit den Kunden am besten zusammenpassen. Das kann die Persönlichkeit des Verkäufers, seine Überzeugungsarbeit, das Produkt, der Respekt, eine gemeinsame Vergangenheit oder etwas anderes sein.

Qualität verbessern – gut sein

Der letzte Schritt ist die Qualität in der Ausführung. Erst jetzt kann man zeigen, was alles in einem steckt und erkennen, ob die Angesprochene auch Interesse zeigt – denn auch die Entscheidungen in der Disko liegen voll und ganz bei der Frau. Sie entscheidet, ob das Gespräch nur von kurzer Dauer ist, oder ob sich etwas Interessantes anbahnt. Je interessanter das Gespräch für die Frau, desto besser ist die Trefferquote – also die Qualität.

Die Logik im Verkauf beginnt mit der Aktivität, danach folgt die Effektivität, also die richtige Arbeit zu machen. Erst am Ende kommt die Qualität ins Spiel, also eine Arbeit richtig zu machen. Bei vielen anderen Berufen wird mit der Produktivität oder Qualität gestartet.

Techniker, Banker und Controller sind Berufsgruppen, die den Beruf des Verkäufers am wenigsten verstehen. Dazu muss man wissen, dass ihr Denken anders strukturiert ist und sich viele Menschen, die in den genannten Bereichen arbeiten, häufig von Denkverboten befreien müssen, um das Verkaufen zu lernen. Für Techniker, Banker und Controller sind die Qualität und die Produktivität der Arbeit wichtig und allein dieser Aspekt bewirkt, dass sie sich oft schwertun, da im Verkauf die Handlungsorientierung an erster Stelle steht. Wenn in einer Produktion ein schlechtes Bauteil hergestellt wird, ist eine Erweiterung der Produktion kontraproduktiv.

Wenn aber ein junger Verkäufer mit einer schlechteren Verkaufsquote mehr Kunden besucht, dann vergrößert er sein Chancenpotenzial und verkauft dadurch letztlich mehr.

Für das Verkaufen ist Qualität auch wichtig, aber eben erst in zweiter Linie. An erster Stelle steht für den Verkäufer die Aktivität an sich. Erst nachdem diese Aktivität gesetzt wurde, kommt in zweiter Linie die Qualität ins Spiel.

Die Königsdisziplinen im Verkauf

Wir können alle Verkäufer der Welt in zwei große Lager einteilen: in ein Lager, in dem die Quantität der Aktivitäten der wichtigste Hebel zum Erfolg ist, und in ein Lager, in dem die Qualität der Ausführung der wichtigste Hebel ist. Im ersten Lager sind es häufig unkomplizierte Produkte, die oft an viele Kunden in meist kurzen Verkaufszyklen verkauft werden. Im zweiten Lager gibt es oft Produkte mit einem hohen Erklärungsbedarf, die an wenige Kunden mit meist langen Verkaufszyklen verkauft werden. Nichtsdestotrotz ist die Logik der zwölf Schlüssel des Verkaufens in beiden Fällen gültig, nur die Schwerpunkte sind andere. Diese zwei Hebel sind aber nicht getrennt voneinander zu betrachten, sie gehen ineinander über und ergänzen sich.

Die Schlagzahl erhöhen

Ungefähr die Hälfte aller Verkäufer sind Schlagzahlverkäufer. Schlagzahlverkäufer zeichnen sich dadurch aus, dass ihr Erfolg vor allem durch viele Aktivitäten bei vielen Kunden bedingt ist. Wer so verkauft, hat meist unkomplizierte Produkte, die an viele Kunden verkauft werden. Dabei ist es egal, ob die Kunden direkt oder indirekt betreut werden, ob es Stammkunden oder Neukunden sind. Hier liegt der Schwerpunkt beim ersten bis zum sechsten Schlüssel, wobei die anderen Themen nicht zu vernachlässigen sind.

Die Schlagkraft verbessern

Für Schlagkraftverkäufer gelten andere Regeln: Hier ist vor allem die Zeit wichtig, die mit dem Kunden verbracht wird, ebenso gute Analysen über den Kunden und das Erkennen der richtigen Schritte. Wer so verkauft, hat meist komplexere Produkte, die Anzahl der Kunden ist geringer, es kann sogar sein, dass zwei Verkäufer einen einzigen Kunden betreuen. Hier liegt der Schwerpunkt auf dem sechsten bis zwölften Schlüssel.

Die Schlüssel dreizehn bis fünfzehn gelten für beide Verkäufergruppen im gleichen Ausmaß.

Dieses Buch ist als Handbuch für Profi-Verkäufer gedacht, egal ob Sie ein indischer Betreuer von Straßenhändlern, ein Versicherungsverkäufer, ein akquirierender Unternehmer, der Besitzer eines Küchenstudios, ein technischer Verkäufer oder ein Schweizer Privatbanker oder Manager sind. Die beschriebenen Faktoren und Schlüssel gelten vom Händlerbetreuer, Großkundenbetreuer bis zum Direktverkäufer und Business Developer. Sie gelten für junge und erfahrene Verkäufer, sie gelten für alle Unternehmer und Manager, die Märkte aufbauen wollen und ganz besonders für Ein-Personen-Unternehmen und Jungunternehmer, die sich erst im Markt beweisen müssen, aber auch für den nur zeitweise im Verkauf stehenden Vorstandsdirektor. Jedoch eines geht nicht: die hier beschriebene Logik auf andere Berufe zu übertragen, in denen Handlungsorientierung unwichtig ist. Der Grund ist einleuchtend: weil eben in anderen Arbeitswelten andere Gesetze gelten. Das gilt vor allem für die Technik, die Medizin, die Finanzwirtschaft und das Controlling. Diese Logik kann aber auf Arbeitswelten, in denen Handlungsorientierung wichtig ist, übertragen werden; also in Arbeitswelten, in denen Erfolg durch Aktivität entsteht. So sinkt etwa bei einer Erhöhung der Verkehrskontrollen durch die Polizei in einem Bezirk die Anzahl der Einbrüche. Auch hier wird durch eine Erhöhung von Aktivitäten (Anzahl von Verkehrskontrollen) ein Prozess gestartet und letztlich die Qualität (die Einbruchsrate in der Umgebung, in der die Aktivitäten gesetzt wurden) verbessert.

Kapitel 2

Die fünf Faktoren zur Erhöhung Ihrer persönlichen Verkaufsprofessionalität

Mehr richtige, produktive, gute und geplante Aktivitäten

Die Erhöhung Ihrer Verkaufsprofessionalität ist wie eine Reise zu verstehen. Sie beginnt mit dem ersten Schritt bei den Aktivitäten und nur wer dieses Thema beherrscht und abgeschlossen hat, kann zum zweiten großen Bereich übergehen: zur Produktivität des Verkaufens. Abschließend geht es zur persönlichen und zur organisatorischen Qualität. Sie können, wenn Sie einen Faktor abgearbeitet haben, zum nächsten übergehen oder, wenn Sie diesen nächsten Faktor bereits anwenden und gut beherrschen, auch einen Faktor überspringen. In der Verkaufspraxis gehen die fünf Faktoren ineinander über, aber die Erfahrung hat gezeigt, dass bei den meisten Verkäufern die Steigerung der persönlichen Produktivität bereits bei Faktor eins, bei den Aktivitäten, beginnt.

Der erste Faktor: Mehr Aktivitäten

Verkäufer in Geschäften haben in einem Jahr bis zu 1600 Stunden, Außendienstmitarbeiter bis zu 1200 Stunden Zeit, um an ihre Kunden zu verkaufen. Doch wer dahinter blickt, merkt, dass diese Zeitangaben blanke Theorie sind. In der Realität wird nur ein Bruchteil davon in echte Kundenzeit – das ist die Zeit, die Sie wirklich mit dem Kunden zusammen sind – umgesetzt und damit produktiv genutzt. Wer mehr Aktivitäten setzen will, muss zuallererst seine verkaufsaktive Zeit managen können. Nur in dieser Zeit können die Kontakte und »face to face«-Aktivitäten mit den

Kunden gesetzt werden. In der aktiven Verkaufszeit werden die Kunden kontaktiert. Die Erhöhung der Kontaktrate bei den Kunden führt wiederum zu mehr Möglichkeiten, neue Geschäfte bei neuen und bei bestehenden Kunden zu machen. Eine höhere Kontaktrate vergrößert also die Chancenbasis, aus der neue Geschäfte entstehen können. Der erste Schritt geht davon aus, mehr Zeit für die Kunden zu haben, dabei mehr Kunden zu kontaktieren oder Kunden intensiver zu betreuen und damit mehr Chancen für weitere Geschäftsmöglichkeiten zu erhalten.

Der zweite Faktor: Die richtigen Aktivitäten

Bis zu *3 600 Verkaufsaktivitäten* werden von Verkäufern pro Jahr für ihre Kunden gemacht. Nicht jede dieser Aktivitäten ist dabei zielführend und es gibt einige darunter, die bei den Kunden mehr bewirken als andere. Alle im Verkauf notwendigen Aktivitäten sind die *Verkaufstreiber*. Wer diese Treiber kennt, kann wichtige von unwichtiger Aktivität unterscheiden und entsprechend handeln. Die wichtigsten aller Treiber wiederum sind die Schlüsselaktivitäten, das heißt jene Aktivitäten, die, verglichen mit anderen Aktivitäten, einen höheren Beitrag zum Erfolg liefern. Sie müssen gefunden werden und dann gezielt erhöht werden. Wer sich aufs Richtige konzentriert, hat für Unnötiges einfach keine Zeit mehr. Das ist die Logik des zweiten Schrittes. Der zweite Weg wählt die richtigen Aktivitäten aus und bringt sie in eine optimale Reihenfolge. Eine persönliche Vorgabe erleichtert den Blick auf das Wesentliche und gibt einen Überblick über die Aktivitäten.

Der dritte Faktor: Produktiver verkaufen

Fleißige Verkäufer sind *sechs Mal* soviel mit ihren Kunden in Kontakt wie nicht so fleißige Verkäufer – und das in der gleichen Branche, im gleichen Umfeld und im gleichen Produktmarkt. Aber produktive Verkäufer können *100 Mal* so produktiv sein wie unproduktive Verkäufer. Sie können immer viel produktiver sein als sie Aktivitäten vermehren können. Das ist die zentrale Aussage des dritten Faktors. Zur richtigen Zeit den richtigen Kunden mit dem entsprechenden Angebot anzusprechen, ist der Schlüssel zum produktiveren Verkaufen – denn es gibt immer Kunden, die in einem Zeitfenster *dreißig* bis *vierzig* Mal so interessant sind wie andere Kunden. Wer diese Kunden betreut, ist einfach erfolgreicher. Um produktiv zu werden, benötigt man die detaillierte Kenntnis der Kunden und Märkte sowie die Kenntnis der eigenen Wirksamkeit. Produktivität ist die Schlagkraft der Verkäufer. Produktivität bedeutet, die richtige Aktivität beim richtigen Kunden zu setzen. Der Schritt drei ist vor allem ein Auswahlprozess in Märkten und bei den Kunden. Nicht jeder Kunde kann die ihm vorgegebenen Ziele erfüllen, daher ist es wichtig die Kunden nicht gleich zu behandeln. Wer es schafft, seine eigenen Aktivitäten wirksam bei den besten Kunden im Markt zu setzen, wird mit Freude und Erfolg verkaufen. Die besten Chancen im Markt zu erkennen und seine Aktivitäten bei den besten Kunden zu platzieren, ist der ultimative Produktivitätsfaktor. Die ersten zwei Faktoren sind die Basis des Verkaufens und können innerhalb kurzer Zeit umgesetzt werden, die Verbesserung der Produktivität hingegen ist ein laufender Prozess, der einige Zeit in Anspruch nimmt.

Der vierte Faktor: Besser verkaufen

Eine Trefferquote *von eins* ist das Idealbild jeder Verkaufsqualität. Der Verkäufer *kam, sah und verkaufte*. Und das unkompliziert, kompetent und schnell. Die besten Trefferquoten hat der Verkäufer dann, wenn der Kunde unkompliziert, der Verkaufsprozess kurz ist und die Kunden schnell und gerne kaufen. Ob Kunden schnell und gerne kaufen, hängt vom Kunden selbst, aber auch im hohen Ausmaß vom Verkäufer ab. Die Qualität des Verkaufens steigert man durch bessere Reflexion und laufendes Training. Durch die Optimierung des eigenen Verkaufsprozesses verringern Sie den Aufwand der Kundenbetreuung und Sie erkennen, wie Sie weit mehr Kunden und Märkte in kürzerer Zeit betreuen können. Der vierte Schritt setzt vor allem bei der Auswahl der Kunden und der Verkaufstechnik des Verkäufers an. Wir nennen die Kunden, bei denen das leichteste Verkaufen möglich ist, »Supertargets« und je mehr Supertargets Sie als Verkäufer unter den Kunden haben, umso mehr Kunden können Sie in der gleichen Zeit betreuen.

Der fünfte Faktor: Organisiert verkaufen

Glauben Sie mir: Sich selbst zu führen, ist weit schwieriger, als 20 Mitarbeiter zu führen! Führen heißt hier, die ersten vier Faktoren sinnvoll, also in der richtigen Dosierung und Reihenfolge, zu managen. Das Führen der eigenen Aktivitäten ist nur möglich, wenn volle Transparenz über die eigene Wirksamkeit vorhanden ist. Wer sich selbst führt, kann seine Selbstwirksamkeit erhöhen und gezielt vorgehen. Große Ziele können leichter erreicht werden, wenn sie in Aktivitäten umgerechnet werden. Durch Planen von Aktivitäten und Analyse der Produktivität können Ziele ohne Stress und Mühe erreicht werden. Durch die Vorplanung erhalten wichtige Aktivitäten eine höhere Priorität. Das bewirkt wiederum eine höhere Produktivität. Der Faktor zeigt, wie das Mögliche im Verkauf für Sie machbar und realistisch umsetzbar wird. Genauso wichtig ist das laufende Training, Bildung und die Weiterentwicklung des Verkäufers.

Welcher Faktor soll zuerst angegangen werden?

Nicht alle Faktoren sind immer in der vorgeschlagenen Reihenfolge zu berücksichtigen und es ist auch nicht jeder Faktor für jeden gleich viel wert. Um einige Beispiele zu geben: Wenn Märkte einbrechen, gilt nur für wenige Bereiche die Regel, dass die Erhöhung von Aktivitäten der erste Schritt in der Bearbeitung sein soll. In schrumpfenden Märkten ist es vor allem wichtig, sich auf wichtige Kunden zu konzentrieren. Das gilt auch in der Krise und bei Markteinbrüchen. Vielfach ist eine Erhöhung der Chancen durch neue Kontakte unter diesen Umständen gar nicht möglich. In diesem Fall ist es sinnlos, neue Chancen zu generieren. Daher ist die Konzentration auf bestehende Kunden wesentlich.

Ein weiteres Beispiel zeigt uns die unterschiedliche Wertigkeit der einzelnen Themen für unterschiedliche Vertriebsbereiche. Für jemanden, der seine Aktivitäten nicht selbst bestimmen kann und dadurch kaum Einfluss auf sie hat, ist es zwecklos, sich mit dem ersten Faktor zu befassen. Die Logik des Verkaufens beginnt dann beim zweiten Faktor. Wenn Sie beim ersten Anlesen eines Faktors bereits das Gefühl haben, dieses Thema im Griff zu haben, dann überspringen Sie einfach diesen Faktor und gehen zum nächsten über. Dann ist dieses Kapitel als Checkliste für Sie anwendbar.

Die fünf Faktoren sind dafür gedacht, einen Rahmen zu bilden, in dem sich die meisten Möglichkeiten des Verkaufens abbilden lassen. Für einige Bereiche ist der gesamte Rahmen gültig, für andere eben nur Teilbereiche. Wer kann nun konkret diese Faktoren für das eigene Verkaufen nutzen? Nehmen wir einmal einen Verkäufer, bei dem die reine Abwicklung des Verkaufsakts im Vordergrund steht, wie bei einem Verkäufer für Kinokarten an einer Abendkasse. Hier ist es nur möglich, produktiv zu sein, wenn in einer Stunde so viele Karten wie nur möglich verkauft werden, die Abwicklung, also der Prozess des Verkaufens, steht hier im Vordergrund. Wenn die Schlange an der Kinokasse nicht zu lang ist und der Zeitdruck es zulässt, kann eventuell noch eine bessere Sitzreihe verkauft werden. Aber mehr ist hier nicht möglich. Daher lässt sich nur ein kleiner Teilbereich der Produktivität steigern. Auf der anderen Seite stehen der technische Projektverkäufer, der akquirierende Unternehmer, der Jungunternehmer, der Direktverkäufer, die viele Aktivitäten zeitweise auch blind setzen müssen, um Kenntnis von den Projekten im Markt zu erhalten. Anschließend müssen sie ihre Konzentration auf die wichtigsten und wahrscheinlichsten Projekte lenken, um danach den Verkaufsprozess zu beschleunigen und zu optimieren. In diesem Fall lässt sich die Professionalität vom ersten bis zum fünften Faktor steigern. Die folgende Übersicht gibt Ihnen einen Überblick über die fünf Faktoren.

Erhöhen Sie Ihre persönliche Verkaufsprofessionalität mit fünf Faktoren

Fünf Faktoren	15 Schlüssel	45 Hinweise
Geplante Aktivitäten	Sich selbst führen	Sich selbst coachen lernen
		Selbstorganisation optimieren
		Zeltorganisation einsetzen
	Selbstwirksamkeit	Vorbereitet sein
		Wirksame Werkzeuge einsetzen
		Persönliche Leistungskultur fördern
	Pläne und Ziele	Die strategischen Lücken schließen
		Den No-Show-Effekt berücksichtigen
		Realistisch planen
Bessere Aktivitäten	Trefferquoten	Den Kontaktzeitpunkt mit Kunden optimieren
		Aus Kunden Supertargets machen
		Dreiecks- und Top-Beziehungen fördern
	Verkaufsprozess	Den Fahrstuhleffekt nutzen
		Bessere Bedarfsanalysen durchführen
		Den Selling cycle verkürzen
	Deal Flow erhöhen	Den Manipulationsaufwand verringern
		Dringendes im Verkaufsprozess zuerst erledigen
		Den Aufwand reduzieren
Produktive Aktivitäten	Kundenpotenziale	Reihen und sortieren von Kunden
		Betreuungsstrategien festlegen
		Die Kundenbilanz verbessern
	Kundenprofitabilität	Bessere Preise durchsetzen
		Umsatz und Gewinntreiber ausbauen
		Den Aufwand des Geschäftsakts reduzieren
	Kundenproduktivität	Richtige Produkte anbieten
		Aus Kunden Voll-Kunden machen
		Engpässe zuerst erledigen

Die *richtigen* Aktivitäten	Verkaufstreiber	Die eigenen Treiber kennenlernen
		Die Aktive Verkaufszeit mit Treibern ausfüllen
		Aktivitäten, die keine Treiber sind, vermeiden
	Schlüsselaktivitäten	Die Schlüsselaktivitäten erhöhen
		Falsche Aktivitäten vermeiden
		Schlüsselaktivitäten vorrangig bearbeiten
	Reihenfolge	Vorgabe von Aktivitäten
		Arbeiten mit Aktivitätsplänen und Vorgaben
		Formel erstellen
Mehr Aktivitäten	Verkaufszeit	Bestimmen der aktiven Verkaufszeit
		Erhöhen der aktiven Verkaufszeit
		Minimierung von Reisezeit und Administration
	Kontakte	Den eigenen Marktdruck erhöhen
		Den Sales level bestimmen
		Diskontinuitäten vermeiden
	Chancen vermehren	Chancen dokumentieren und bewerten
		Chancenplanung laufend durchführen
		Zur richtigen Zeit am richtigen Ort aktiv sein

Tabelle 2: Faktoren, Schlüssel und Hinweise

Machen Sie nach jedem Kapitel einen Realitätscheck

Ein wichtiger Hinweis zum Lesen des Buches: Machen Sie am Ende jedes Schrittes einen Realitätscheck. Die Arbeit nahezu jedes Verkäufers ist unterschiedlich. Einem deutschen Projektverkäufer, dessen Verkaufsgebiet Südamerika ist, sind naturgemäß andere Themen wichtig, als einem Betreuungsverkäufer, der immer die gleichen Kunden vor seiner Haustüre besucht. Genauso wird ein Arbeitssuchender andere Themen interessant finden, als der Chef einer Werbeagentur, der Kunden akquiriert. Nach Abschluss dieses Kapitels können Sie nun den Realitätscheck durchführen. Dabei sollten Sie sich zwei Fragen stellen: *Erstens*, was ist für mich relevant? *Zweitens*, was kann ich beeinflussen? *Drittens*, was kann ich auch umsetzen? Beantworten Sie die Fragen schriftlich mithilfe der Tabelle im letzten Kapitel. Ist ein Schritt oder ein Kapitel für Sie unrelevant, dann überspringen Sie diesen oder dieses. Wichtig ist, dass Sie die Schritte und Kapitel durchmachen, die für Sie relevant sind und die Sie selber beeinflussen können. Wenn Sie das Buch gelesen haben, können Sie die für Sie relevanten Ergebnisse zusammenführen und Ihr persönliches Modell zur Steigerung Ihrer vertrieblichen Professionalität erstellen.

Der erste Faktor

Aktivitäten vermehren

Mehr Chancen – mehr Kontakte – mehr Verkaufszeit

»Wer ewig strebend sich bemüht,
den werden wir erlösen ....«
Aus Goethes Faust II

Der indische Straßenkoch stellt seine Garküche an einer stark frequentierten Straße auf, um mit möglichst vielen Kunden in Kontakt zu kommen. Der Verkäufer von Gewürzen und Waren für indische Garküchen versucht, möglichst viele Garküchenbesitzer pro Tag zu besuchen, um seine Gewürze und Waren bei ihnen vorzustellen und zu verkaufen. Der deutsche Fondsverkäufer besucht viele Banken, um seine Produkte bei den Bankmitarbeitern vorzustellen, und der Bankmitarbeiter kontaktiert viele Privatkunden, um die Fonds an die Endkunden zu verkaufen. Der Projektverkäufer, der eine Maschine für eine Fabrikanlage einem Industriekonsortium verkaufen will, versucht, viel Zeit beim Kunden zu verbringen, um die Anforderungen genau zu verstehen und sein Angebot maßgeschneidert zu übermitteln. Der Key Accounter verbringt viel Zeit beim Kunden, um die Prozesse des Kunden zu verstehen und mit den Prozessen seines Unternehmens zu verzahnen. Der Unternehmer plant regelmäßige Mittagessen mit seinen Kunden ein, um die Stimmung im Markt besser zu verstehen und sein Angebot laufend anzupassen. Alle vom Garküchenbesitzer über den Händlerbetreuer bis zum Key Accounter und Unternehmer wollen ihre eigenen Aktivitäten mit den Kunden vermehren, das heißt entweder viele Kunden kontaktieren oder viel Zeit beim Kunden verbringen. Aktivitäten zu vermehren, heißt einmal zu handeln und Verkäufer müssen handeln – Verkäufer sind nur dann wirksam, wenn sie handeln. Die Basisvoraussetzung für jede Art von produktivem Verkaufen ist zu handeln, also mit möglichst vielen potenziellen oder bestehenden Kunden in Kontakt zu kommen oder viel Zeit mit den Kunden zu verbringen. Ob es besser ist, mit vielen Kunden in Kontakt zu treten und/oder bei einigen wenigen viel Zeit zu verbringen, hängt von Ihren Kunden, Produkten und Dienstleistungen ab.

Wie bereits erwähnt, haben Verkäufer in einem Jahr bis zu 1600 Stunden Zeit, ihre Kunden zu betreuen. Außendienstmitarbeiter mit Reisetätigkeit können bis zu 1200 Stunden in einem Jahr Zeit für ihre Kunden haben. Doch das, was hier behauptet wird, ist vor allem Theorie. In der Realität wird nur ein Bruchteil davon genutzt. Die reale Zeit, die Zeit, die der Verkäufer und der Außendienstmitarbeiter Auge in Auge mit seinen Kunden zusammen ist, ist sehr gering, verglichen mit der Zeit, die für Verkaufsgespräche mit dem Kunden zur Verfügung stehen. Oft verbringen Verkäufer nur 20 Prozent oder weniger der möglichen Zeit, die für das Verkaufen zur Verfügung steht, bei den Kunden. Als Verkäufer ist es vor allem wichtig, die verkaufsaktive Zeit zu vermehren. In dieser Zeit können Sie Kunden erreichen, um mit ihnen zu kommunizieren. Nur in dieser Zeit können dann die »face-to-face«-Aktivitäten gesetzt werden. Erst wenn Sie Ihre eigene Zeit im Griff haben, können Sie die Kontaktrate erhöhen und für neue Chancen sorgen. Wer seine Aktivitäten vermehren will, braucht dafür Zeit und diese Zeit ist nicht immer vorhanden oder sie ist für anderes blockiert. Um die eigenen Aktivitäten tatsächlich vermehren zu können, ist es zuallererst wichtig, die eigene verkaufsaktive Zeit zu erhöhen. Der weitere wichtige Schritt ist, die Kontakte zu den Kunden zu erhöhen, alle Maßnahmen zu setzen und diese auf einem hohen Niveau zu halten. Damit wird durch die hohe Kontaktrate die Chancenbasis verbessert.

Zunächst einmal klingt es paradox, einen Verkäufer aufzufordern, seine Aktivitäten zu *erhöhen,* wenn es um das Thema Produktivität geht. Die Meisten denken zunächst intuitiv an das *Reduzieren* des Einsatzes, um ein bestimmtes Ziel zu erreichen – das ist die klassische Form der Produktivität. Wird in einem Unternehmen die Produktivität erhöht, dann wird *rationalisiert*. Das bedeutet in den meisten Fällen: Der gleiche Output mit weniger Mitarbeitern. Rationalisieren ist auch im Verkauf wichtig – aber nicht an erster Stelle. Rationalisieren kann man nur, wenn *genügend* Kunden, Projekte und Geschäftsmöglichkeiten vorhanden sind und man eine Auswahl treffen kann. Solange das nicht der Fall ist, kann nicht sinnvoll rationalisiert werden. Hier muss in Vertrieb und Verkauf umgedacht werden und einige Paradigmen verworfen werden. Erst wenn genügend Aktivitäten vorhanden sind, kann eine Auswahl getroffen werden. Produktivität im Vertrieb ist in den meisten Fällen davon abhängig, genügend Chancen in den Märkten zu haben und diese erreicht man nur durch viele Aktivitäten.

Kapitel 3

Der erste Schlüssel: Die verkaufsaktive Zeit erhöhen

Wer keine Zeit zum Verkaufen hat,
wird auch nichts verkaufen.

Zeit ist der wichtigste Rohstoff des Verkäufers.

Jeder Verkäufer lebt in der gleichen Zeit und hat grundsätzlich die gleiche Zeit auf dieser Welt zur Verfügung. Jedoch, wer die Arbeitszeit von Verkäufern auf der ganzen Welt beobachtet, wird erkennen, dass der durchschnittliche angestellte Vollzeitverkäufer in Japan etwa 2200 Stunden und der Verkäufer in Zentraleuropa etwa 1600 bis 1800 Stunden pro Jahr für sein Unternehmen arbeitet. Dieser Wert ist die reine Gesamtarbeitszeit eines Verkäufers und steht interessanterweise in keinem Zusammenhang mit der Zeit, die der Verkäufer tatsächlich mit dem oder für den Kunden arbeitet. Die aktive Verkaufszeit des Verkäufers – also die Zeit, die der Verkäufer voll und ganz seinen Kunden widmet – ist bei allen Verkäufern in allen Ländern wesentlich niedriger. Neben der aktiven gibt es noch die passive Verkaufszeit, also die Zeit, in der Sie nicht mit dem Kunden zusammen sind, aber für den Kunden arbeiten. Der zweite große Zeitblock ist die Zeit, in der Sie sich der Administration widmen, sowie die Reise- und Fahrtzeit. Die aktive Verkaufszeit ist genau die Zeit, bei der Sie tatsächlich mit dem Kunden zusammen sind. Das sind in der Regel alle persönlichen Gesprächssituationen, egal ob Sie den Kunden besuchen, anrufen oder er zu Ihnen kommt. In der passiven Verkaufszeit hingegen arbeiten Sie für den Kunden zu Hause oder im Unternehmen. Das ist beispielsweise der Fall, wenn Sie ein Angebot erstellen, sich für Gespräche vorbereiten oder diese planen, projektieren und kalkulieren. In der passiven Verkaufszeit erledigen Sie Arbeiten für den Kunden und dergleichen mehr.

Bevor Sie die weiteren Faktoren bearbeiten, ist es wichtig, sich mit der eigenen aktiven Verkaufszeit zu beschäftigen. Es gilt die simple Regel »Wer keine Zeit zum Verkaufen hat, wird auch nichts verkaufen«. Damit ist bei allen noch so unterschiedlichen Möglichkeiten zu verkaufen vor allem die aktive Verkaufszeit gemeint. Daher ist es am Beginn wichtig, dass Sie sich mit Ihrer Zeit beschäftigen und sie klar bestimmen. Egal, ob Sie selbstständig oder angestellt sind, der erste Schritt ist immer Klarheit darüber zu haben, welche Zeit tatsächlich für das Verkaufen zur Verfügung steht. Die verkaufsaktive Zeit ist genau der Zeitrahmen, den Sie als Verkäufer zur Verfügung haben, um persönlich oder telefonisch an Ihre Kunden zu verkaufen. Die aktive Verkaufszeit ist für Profis eins der Schlüsselelemente für den Verkaufserfolg. Verglichen mit der Gesamtarbeitszeit aller Verkäufer, haben Profis immer mehr aktive Verkaufszeit zur Verfügung. Hier ist es egal, um welche Branche und Vertriebsform es geht. Profis sind genau in den Filialen, in denen die Kunden sie besuchen, oder verbringen im Außendienst mehr Zeit mit dem Kunden. Professionelle Bankangestellte und/oder Finanzberater sind häufiger mit ihren Kunden zusammen als ihre im Verkauf nicht so erfolgreichen Kollegen. Aber woher nehmen die Profis diese Zeit? Wir haben doch alle die gleiche Gesamtzeit. Die Zeit wird in erster Linie aus einer Verringerung der administrativen Zeit, aber auch der passiven Verkaufszeit genommen, erst in zweiter Linie wird die Reisezeit reduziert.

Profi-Verkäufer haben
um bis zu 25 Prozent mehr Zeit
für ihre Kunden.

Dabei treten zwei Phänomene auf: Wir überschätzen erstens die freie Zeit, die wir fürs tatsächliche Verkaufen zur Verfügung haben und zweitens wird die wirklich genutzte Zeit fürs Verkaufen, die »Auge in Auge«-Zeit mit dem Kunden, überschätzt. So ist es auch hier: Wir überschätzen permanent die Zeit, die wir tatsächlich für und mit dem Kunden verbringen.

Für viele Verkäufer sind die Themen Zeitmanagement und Beschäftigung mit der verkaufsaktiven Zeit unspektakulär, nicht spannend und trivial. Die Praxis zeigt jedoch, dass es wichtig ist, sich mit dem Thema zu beschäftigen. Ein guter Verkäufer sieht und hört seine Kunden öfter. Die Schwankungsbreite bei der verkaufsaktiven Zeit ist zwischen guten und schlechten Verkäufern sehr weit. Profi-Verkäufer haben um bis zu 25 Prozent mehr Zeit, um ihre Kunden zu treffen und mit ihnen zu kommunizieren.

Bestimmen Sie Ihre aktive Verkaufszeit

Die Grundlage Ihres Zeitmanagements ist es, zuerst einmal genau zu ergründen, wie hoch Ihre aktive Verkaufszeit derzeit ist, also wie viele Stunden, Tage oder Wochen im Jahr Sie sich ausschließlich dem Kunden widmen. Danach gilt es zu ermitteln, wie hoch dabei die »Auge in Auge«-Zeit mit dem Kunden ist. Betrachten wir zwei Fälle: Sie sind Angestellter im Vertrieb oder Sie sind selbstständig, verkaufender Manager oder Teilzeitverkäufer. Im ersten Fall ist es wichtig, genügend Zeit für die Kundenkontakte zu haben, und im zweiten Fall sollten Sie sich ein bestimmtes Zeitbudget für die Kunden reservieren. Es sind zwei Größen, die Ihre freie Zeit für das Verkaufen bestimmen, aber auch limitieren:

Erstens sprechen wir von der Möglichkeit des Verkaufens, das ist die Zeit, in der Kunden kontaktiert werden können und die Zeit, die uns der Kunde gibt. Hier kann es durch Öffnungszeiten, Lieferantenzeiten und Reisezeiten Limitierungen geben. Es kann aber auch sein, dass der Kunde nahezu unbeschränkt erreichbar ist. Diese Zeit ist dann die Kundenzeit.

Und *zweitens* ist das Ausmaß der Zeit wichtig, in der auch tatsächlich verkauft wird. Im Speziellen geht es hier um die tatsächlichen Stunden, die Sie gemeinsam mit dem Kunden verbringen. Das ist die aktive Verkaufszeit. Grundsätzlich sind es mehrere, in der Regel ergänzende Ansatzpunkte für das Erkennen, wie viel aktive Verkaufszeit Sie zur Verfügung haben, um Ihre Kunden zu betreuen und am Markt erfolgreich zu sein. In der Praxis haben sich drei Ansatzpunkte zur Zeitermittlung durchgesetzt:

Verkaufszeit pro Tag

Der *erste* Ansatzpunkt ist die Ermittlung der aktiven Verkaufszeit pro Tag. Hier ist nur die Zeit in Betracht zu ziehen, die tatsächlich für die Kundenbetreuung verwendet wird. Die aktive Verkaufszeit pro Tag ist ausschließlich die Zeit, die Sie mit dem Kunden verbringen und nicht die Zeit, in der Sie sich vorbereiten oder reisen und administrieren.

Verkaufszeit pro Woche

Der zweite Ansatzpunkt sind die verkaufsaktiven Tage pro Woche. Wer die aktive Verkaufszeit pro Tag misst, kann schnell daraus schließen, wie viele Tage in der Woche tatsächlich verkaufsaktiv sind und an welchen Tagen der Woche Kunden besucht werden. Diese Art der Zeitfeststellung wird meist vom Außendienst verwendet, um Außendiensttage, Bürotage und Innendiensttage zu unterscheiden. Die Woche ist bei den meisten Verkäufern die beliebteste Form der Zeitfestlegung. Die zweite Form einer Zeitmessung ist die Ermittlung der verkaufsaktiven Stunden pro Woche.

Verkaufsaktive Tage pro Jahr

Der dritte Ansatzpunkt ist Ihre Anzahl der verkaufsaktiven Tage oder Stunden pro Jahr. Diese Betrachtung ist für viele Verkäufer wichtig, da diese Zahl bei Verkäufern sehr weit gestreut ist. So streut diese Zahl über alle Branchen zwischen 20 und 180 verkaufsaktiven Tagen pro Jahr bei klassischen Außendienstmitarbeitern. Es gibt auch Außendienstverkäufer, die nur auf 20 bis 30 verkaufsaktive Tage pro Jahr kommen. Das kommt vor allem dann vor, wenn neben dem Verkaufen noch viele andere Tätigkeiten vom Verkäufer ausgeführt werden. So kann es auch sein, dass Sie als Verkäufer zwar viele Stunden pro Tag verkaufen, aber dennoch nur wenige verkaufsaktive Tage pro Jahr haben.

Sie sollten zumindest einen oder besser zwei dieser Ansatzpunkte wählen, um Ihre eigene Verkaufszeit zu bestimmen. Wenn Sie in einer Filialorganisation arbeiten oder wenn die Kunden zu Ihnen kommen, dann ist es nur wichtig, die Kontaktzeit pro Tag zu ermitteln. Wenn Sie aber die Kunden besuchen, im Außendienst oder als Unternehmer tätig sind, dann sollten Sie unbedingt zwei dieser Ansatzpunkte wählen. Nachdem Sie die Ermittlung der Zeitmessung festgelegt haben, sind Sie in der Lage, die aktive Verkaufszeit, die passive Verkaufszeit, die Administration und die Reisezeit zu messen. Notieren Sie sich diese Werte, sie sind eine erste wichtige Grundlage für eine Verbesserung des Verkaufens. Wenn Sie es als Verkäufer schaffen, die aktive Verkaufszeit um nur 5 Prozent zu erhöhen, haben Sie bereits massiv an der Stellschraube Ihrer Produktivität gedreht. Das klingt einfach, ist es aber nicht. Nachdem Sie nun eine Klarheit über Ihre Zeitmessung haben, können Sie sich auf das Erhöhen Ihrer aktiven Verkaufszeit konzentrieren.

So erhöhen Sie Ihre aktive Verkaufszeit

Das Management von Zeit ist für Menschen mit hoher Autonomie in ihrer Arbeit besonders wichtig. Sie müssen sich die Zeit in der Regel selbst einteilen und laufend Entscheidungen über die Verteilung ihrer Zeit auf verschiedene Aufgaben treffen. Für Verkäufer, Manager und Unternehmer ist daher ein Zeitmanagement immer eine Herausforderung. Ein Verkäufer hat dann ein gutes Zeitmanagement, wenn er es schafft, im Verhältnis zu seiner Gesamtarbeitszeit einen hohen Anteil an aktiver Verkaufszeit zu besitzen. Ein Unternehmer hat ein gutes Zeitmanagement, wenn er es schafft, viel Zeit für seine Kundenbetreuung zu reservieren. Im Folgenden finden Sie einige Hinweise wie Menschen im Verkauf ihre aktive Verkaufszeit erhöhen.

Ermitteln Sie die Kundenzeit

Starten Sie mit einem einfachen Test zur Ermittlung der Kundenzeit: Schreiben Sie die theoretisch mögliche Zeit, in der Sie mit den Kunden von Angesicht zu Angesicht oder telefonisch kommunizieren können, auf einen Zettel. Was kommt dabei heraus? Wie viel Zeit hat der Kunde für Sie? Die Bandbreite für die Kundenzeit pro Tag zieht sich von einer halben bis zu 8 Stunden, in Extremfällen sogar bis zu 18 Stunden pro Tag. Die Bandbreite im Jahr reicht von 60 verkaufsaktiven Tagen bis zu 180. Diese Daten sind in jeder Branche anders, daher ist es wichtig, die Zeit selbst zu bestimmen. Wenn Sie das durchgeführt haben, kennen Sie die Zeit, in der es möglich ist, mit den Kunden zu kommunizieren. Diese Kundenzeit sollte jetzt annähernd gleich Ihrer aktiven Verkaufszeit sein. Natürlich sind Sie nicht der einzige, der die Kundenzeit nutzt, auch Ihr Wettbewerber tut dies. Aber das, was hier gemeint ist, ist den Zeitrahmen, den Ihnen Ihre Kunden geben, zu nutzen. Definieren Sie die Kundenzeiten und reservieren Sie diese für Ihre verkaufsaktive Zeit. Der Job eines Verkäufers ist zu verkaufen, aber der Kunde bestimmt über die Zeit. Die restliche Zeit steht dann für alles andere zur Verfügung. Diese Zeit sollte auch anderen Abteilungen heilig sein, wenn Sie auf die Verkäufer zugreifen wollen. Kämpfen Sie um diese Zeit, machen Sie sich selbst und den Rest im Unternehmen klar, wie wichtig diese Zeit ist und dass Sie darauf ein Recht haben. Auch wenn die Verlockungen noch so groß sind, bleiben Sie hart. Verkaufszeit ist Verkaufszeit und sonst nichts.

Machen Sie aus Kundenzeit verkaufsaktive Zeit

Es ist nicht egal, ob Sie ein herausforderndes, spannendes Kundengespräch führen oder Sie einen Bericht schreiben – die Zeit wird Ihnen unterschiedlich lang vorkommen. Wir haben mehrere Zeitbegriffe in unseren Köpfen abgespeichert. Die Zeit vergeht kaum, wenn Sie uninteressante Themen bearbeiten, und Sie rast, wenn Sie eine hochinteressante Aufgabe erledigen, die Sie fordert. Da die meisten Verkäufer keinen langweiligen Job haben, der mit vielen Höhen und Tiefen versehen ist, spüren Verkäufer den Unterschied zwischen einem Kontakt mit dem Kunden und jeder administrativen Arbeit besonders stark. Zufrieden sind Verkäufer meist dann, wenn sie viel Zeit mit dem Kunden verbringen und wenig administrativ tätig sind. Gespräche mit den Kunden sind emotionale Events. Sie sind das Salz in der Suppe der Verkaufsarbeit, daher sollten Sie als Verkäufer viele solche Events ausführen.

Egal aus welcher Branche Sie kommen oder in welcher Organisation Sie tätig sind, versuchen Sie die Verkaufszeit mit der Kundenzeit abzugleichen. Wenn der Kunde Zeit für Sie hat, sollten Sie diese Zeit auch nutzen. Also im Idealfall sollte die verkaufsaktive Zeit gleich mit der Kundenzeit sein. Das ist natürlich nicht immer möglich. Wenn Ihre Kunden weit mehr Zeit zur Verfügung haben als Sie selbst, dann sollte zumindest Ihre Nettoverkaufszeit mit der Kundenzeit zusammenpassen. Wer die Kundenzeit und die eigene Zeit im Griff hat, erzielt den Effekt der Verteilungsverschiebung der Arbeitszeit von einem geringen auf einen höheren Anteil verkaufsaktiver Zeit.

Konsequent sein

Eine Strategie, die häufig bei selbstständigen Verkäufern, Unternehmern und Handelsvertretern zu beobachten ist, ist die »Alles oder nichts«-Methode. Bei dieser Methode wird ein fixer Zeitrahmen für die Kundenbetreuung eingeplant. Das ist die Zeit, in der Sie sich ausschließlich auf das Verkaufen bei den Kunden konzentrieren, das heißt keine sonstigen Tätigkeiten durchführen und *nur* verkaufen (zum Beispiel drei Tage beim Kunden und zwei Tage im Büro als Wochenzeiteinteilung). Eine weitere Möglichkeit ist, die aktive Verkaufszeit mit der Kundenzeit zu verbinden. Auch der Kunde hat ein Zeitfenster, in dem er kontaktiert werden kann und will. Bei manchen Kunden macht es Sinn, ihn am Freitagnachmittag zu kontaktieren, da er sonst einfach keine Zeit für Sie hat. In diesem Zeitfenster gibt es nur den Kunden und sonst nichts.

Bekommen Sie Ihre Zeitdiebe in den Griff

Wenn Verkäufer gefragt werden, wer die Zeitdiebe und sonstigen Räuber ihrer knappen aktiven Verkaufszeit sind, dann gibt es interessante Antworten. Die häufigsten Zeiträuber von angestellten Verkäufern sind die Verkaufsleiter im eigenen Unternehmen, gefolgt von den Produktmanagern und den Marketingverantwortlichen, der Administration und dem Controlling. Bei verkaufenden Managern und Selbstständigen sind es das Tagesgeschäft, die Administration und viele, vor allem dringend zu lösende Aufgaben. Besonders schwierig ist es, dieses Thema im technischen Projektvertrieb zu lösen, wo der Verkäufer häufig mit Technikern und Consultants zusammenarbeiten muss, um ein Angebot zu erstellen. Aber auch hier ist es wichtig, auf die verkaufsaktive Zeit zu achten. Sie können die Gesamtarbeitszeit verkürzen und dennoch die aktive Verkaufszeit erhöhen. Wie geht das? Sprechen Sie mit den verantwortlichen Zeitdieben über die Wichtigkeit Ihrer aktiven Verkaufszeit. Sagen Sie häufiger Nein zu sinnlosen Gesprächen und Meetings, lehren Sie die anderen, Ihre Verkaufszeit zu respektieren. Als Unternehmer reservieren Sie sich Zeitfenster ausschließlich für Ihre Kunden.

Minimieren Sie Reisezeit und Administration

Ein Drittel der Gesamtarbeitszeit von fahrenden Verkäufern ist die Reisezeit und ein weiteres Drittel ist die Administration. Diese zwei Drittel sind verkaufsinaktive Zeiten. Bei Verkäufern, die von ihren Kunden besucht werden, entfällt die Reisezeit und folglich steht diese Zeit zusätzlich für die Kundenbetreuung zur Verfügung. Unser Ziel ist es, die aktive Verkaufszeit zu erhöhen und die inaktive zu reduzieren. Daher sollte alles vermieden werden, was nicht direkt mit dem Verkaufen zusammenhängt.

Vermeiden von Sternfahrten

Die eigene Reisezeit ist für viele Verkäufer ein wichtiges Thema. Ein Verkäufer, der in Taiwan an Industrieunternehmen verkauft und das ganze Land als Verkaufsgebiet hat, kann viele Kunden pro Tag besuchen. Der Grund ist einleuchtend, denn es befinden sich viele Unternehmen auf relativ engem Raum. Wer in Mexiko im gleichen Produktbereich an Industrieunternehmen verkauft und das gesamte Land als Vertriebsgebiet hat, wird wahrscheinlich nur auf maximal einen persönlichen Kundenkontakt pro Tag kommen. Hier die Zahlen direkt zu vergleichen und den gleichen Maßstab anzusetzen, ist schwer möglich, aber jeder der beiden kann seine eigene Reisezeit optimieren. Es ist schwer möglich, alle Gebiete miteinander zu vergleichen, zu unterschiedlich ist die Topologie. Es kann uns nicht daran hindern, egal wo wir uns befinden, den Reiseaufwand zu optimieren. Besuche und Kundenkontakte sollten um räumliche Fixpunkte, in deren Nähe die Kunden sind, geplant werden, um unnötige Fahrten im eigenen Verkaufsgebiet zu vermeiden. Das bei fahrenden Verkäufern beliebteste Planungsinstrument ist das Blütenblattkonzept, sofern sie immer wieder die gleichen Kunden besuchen: Alle Kunden werden um den eigenen Standort herum in kreisförmigen Fahrten besucht. So sollen sternförmige Kreuz- und Querfahrten durch das eigene Gebiet vermieden werden.

Fahren Sie weniger

Wer 10 000 km pro Jahr weniger fährt, hat einen Monat mehr an Verkaufszeit zur Verfügung. 10 000 km Fahrtzeit mit dem Auto entsprechen etwa einem Verkaufsmonat an kompletter Verkaufszeit. Wer also 10 000 Kilometer pro Jahr weniger fährt, der hat theoretisch einen Monat pro Jahr mehr Zeit zum Verkaufen. Dieses Argument richtet sich vor allem an die Vielfahrer unter den Außendienstmitarbeitern, wie etwa die Projektverkäufer und akquirierenden Unternehmern. Ohne jetzt unüberlegt ein Monatsziel zu den bestehenden zwölf zu addieren, ist es zumindest eine Überlegung wert, sich mit der Optimierung der Reisezeit zu befassen. Meist erreicht auch schon eine Kumulierung von Ereignissen und Kundenterminen eine Reduzierung der individuellen Kilometerleistung. Vergleichen Sie sich mit Verkäufern, die ein ähnliches Verkaufsgebiet haben. Wenn Ihr Kollege bei ähnlicher Betreuungsleistung 15 000 Kilometer pro Jahr fährt und Sie 85 000 Kilometer pro Jahr fahren, dann sollten Sie sich seine Technik unbedingt näher ansehen.

Verschieben Sie Administration in die Tagesrandzone

Notwendige und wichtige Aktivitäten mit dem Kunden sollten im Verkauf immer absolute Priorität haben. Auch wichtige und dringende Aktivitäten, bei denen Sie den Kunden nicht direkt benötigen – wie das Schreiben eines Angebots, das Projektieren einer Ausschreibung oder eine andere Ausarbeitung für den Kunden –, gehören in die Tagesrandzone. Die Tagesrandzone ist jene Zone, in der Sie den Kunden nicht erreichen können. Sonstige Administration wie etwa Reise- und Wochenberichte gehören in die Tagesrandzone, aber mit niederer Priorität. Auf keinen Fall soll die Administration in der Kundenzeit erfolgen.

Erstellen Sie Zeit- und Aktivitätsvorgaben

Was immer Sie auch durchführen wollen, denken Sie an die Parkinsonschen Gesetze. Es ist immer wichtig, den Zeit- und Aufwandsdruck festzulegen, bevor Sie zu arbeiten beginnen, sonst dauern alle Aufgaben länger.

Wenn Sie also vor einer Aufgabe stehen, schreiben Sie sich die genaue Aufgabe auf, die Sie erledigen möchten. Neben der Tätigkeit notieren Sie immer die Zeit, die Sie für die Erledigung planen. Überprüfen Sie zwischendurch, ob die Angaben realistisch sind oder Sie verkürzen oder nachbessern müssen. Wenn Sie Ihre Arbeit schnell erledigen wollen, müssen Sie sich immer einem gewissen Druck aussetzen. Nur dann haben Sie auch Freizeit und Erfolg im Beruf.

Planen Sie die nächste Woche

Wer am Montag bereits nach Plan seine Woche beginnt, verbringt mehr aktive Verkaufszeit mit seinen Kunden. Wenn Sie erst am Beginn der Woche starten, Ihre Zeit zu planen, erhalten Sie etwas zeitverzögert die Termine mit den Kunden. Das kann aber bedeuten, dass Sie erst in der Mitte der Woche mit dem Kunden zusammentreffen. Damit ist auch verständlich, dass Sie nicht die gleichen Möglichkeiten haben, mit dem Kunden zusammen zu sein, wie wenn Sie die Woche vorgeplant beginnen.

Tipps von Profi-Verkäufern

1. Verkaufen ist wichtig, also blockieren Sie die aktiven Verkaufszeiten in Ihrem Kalender. Sprechen Sie mit Ihrem Verkaufsleiter und anderen Personen im Unternehmen und bitten Sie darum, diese Zeit zu respektieren. Wenn Sie als Unternehmer alleine über Ihre Zeit verfügen können, dann vereinbaren Sie fixe Zeiträume für die Kundenbetreuung, in der Sie sich voll und ganz dem Kunden widmen. Dokumentieren Sie diese Zeiten.
2. Versuchen Sie, Reisezeit zu minimieren. Verschieben Sie die Administration in die Tagesrandzonen. Blocken Sie Adminstration. Wenn Sie zu arbeiten beginnen, dann immer mit den Treibern oder den Schlüsselaktivitäten und niemals mit Administration.
3. Managen Sie Ihre Tagesrandzonen! Im Schnitt verbringt der Verkäufer zuviel Zeit mit der Administration in der verkaufsaktiven Zeit. Administration gehört in die verkaufsfreien Randzonen. Ad-

ministration darf niemals der Hauptzweck der Arbeit sein. Im Schnitt verbringen Verkäufer sehr viel Zeit mit Administration, häufig sogar mehr als 50 Prozent der Arbeitszeit.

4. Beginnen Sie keinen Tag, an dem nicht bereits im Vorhinein klar ist, was Sie zu tun haben werden. Kundentermine haben oft Vorlaufzeiten, beachten Sie diese! Planen Sie also die Kundenzeit und damit zusammenhängend die Terminvereinbarung bei Kunden im Voraus. Sie können nicht verleitet werden, ineffiziente Tätigkeiten zu verrichten. Diese Termine sind dann für den Kunden reserviert und alles andere ist dahinter anzustellen.
5. Verteidigen Sie Ihre Zeit und schaffen Sie sich Verbündete. Machen Sie im Unternehmen allen Personen klar, dass die verkaufsaktive Zeit eine Zeit ist, auf die nur der Verkäufer zugreifen kann. Dieses Recht muss eingefordert werden! Es ist ein andauernder und kontinuierlicher Kampf um diese Zeit.

Viele Verkäufer nehmen die eigene Arbeits- und die Verkaufszeit als Stellgröße für den Erfolg nicht ernst. Die Optimierung Ihrer Nettoverkaufszeit ist ein grundlegendes Thema. Leider ist es aus Sicht vieler im Verkauf tätiger Menschen ein zu triviales Thema. Daher wird die Verkaufszeit als Stellgröße für die eigene Effizienz nicht ernst genommen. Bedenken Sie aber: Ihre Zeit ist eine wesentliche Grundlage Ihrer Produktivität. Sie benötigen die vollkommene Transparenz und Klarheit über Ihre tatsächliche Verkaufszeit. Bei den meisten Verkäufern ist hier ein erster Produktivitätsschub bereits möglich, wenn Sie es schaffen, die aktive Nettoverkaufszeit lediglich um 5 bis 10 Prozent zu erhöhen.

Kapitel 4

Der zweite Schlüssel: Die Kontaktrate verbessern

Kontakte bringen Kontrakte.
Alte Verkäuferweisheit

Marktpräsenz erzeugt Marktdruck.

Die Forderung ist verwegen, aber zumindest ein Gedankenexperiment wert: Wenn jeder der hundert Millionen Verkäufer auf dieser Welt pro Tag eine einzige sinnvolle Verkaufsaktivität mehr durchführen würde, dann ließen sich einige der heutigen Weltprobleme lösen. Überall würde mehr verkauft werden als bisher und mit dem zusätzlichen Gewinn ließen sich viele Krankheiten oder andere Missstände beseitigen. Der Grund ist einleuchtend: Um die Menschheit ernähren zu können, benötigen wir eine funktionierende Wirtschaft. Damit es der Wirtschaft gut geht, benötigt sie den laufenden Absatz ihrer Produkte und Dienstleistungen. Der Absatz entsteht wiederum durch das Verkaufen von Waren und Dienstleistungen. Und das Verkaufen? Die Basis des Verkaufens sind Kontakte zwischen Menschen. Und wer Kontakte pflegt, trägt jeden Tag zum Wohl dieser Welt bei. Wer es aber schafft, jeden Tag mehr Kontakte als bisher zu schließen, der ist nicht nur ein Wohltäter, er steigert auch seinen persönlichen vertrieblichen Erfolg mehr als durch viele andere Maßnahmen.

Nur ein Kontakt mehr pro Tag kann unter bestimmten Umständen Ihre Gesamtleistung als Verkäufer pro Jahr um 5 bis 15 Prozent erhöhen. Diese Aussage sollte näher hinterfragt beziehungsweise genau analysiert werden. Zunächst einmal: Kontakt ist nicht Kontakt. Bei Kontakten mit Kunden ist die Bandbreite der Möglichkeiten nahezu unendlich. Es gibt sehr wohl Außendienstmitarbeiter, die pro Tag 15 bis 17 kurze persönliche Kundenkontakte haben können. Auf der anderen Seite ist im internationalen Key-Account-Geschäft und im Projektgeschäft ein persönlicher Kontakt mit dem Kunden nur alle zwei Wochen oder in einem noch längeren Zeitraum möglich. Dieser Besuch dauert dann aber länger und ist intensiver. Weiters gibt es in Branchen vielfältige andere Kontaktoptionen mit dem Kunden, die neben dem persönlichen Kontakt möglich und auch sinnvoll sind. Wenn es also gilt, die Kontakte oder die Kontaktrate zu erhöhen, dann müssen Sie sich selbst überlegen, was das für Sie ganz konkret bedeutet.

Wenn Sie einmal Klarheit über Ihre Verkaufszeit haben, dann können Sie sich überlegen, wie Sie diese Zeit am besten nutzen sollen. Das Ziel dieses Kapitels ist es, Möglichkeiten aufzuzeigen, wie Sie Ihre Kontaktzahl bei Kunden und Interessenten erhöhen können. Doch es steckt weitaus mehr dahinter als nur die Erhöhung der Kontaktzahl. »Wenn sich Menschen nicht kennen, machen sie auch keine Geschäfte miteinander« – so lautet ein Sprichwort. Das trifft auf nahezu alle Verkäufer, die persönlich an Kunden verkaufen, im gleichen Ausmaß zu. Jeder neue Kundenkontakt ist eine neue Chance, die sich in Zukunft zu einem neuen Geschäft entwickeln kann. Das gilt bei Stammkunden und erst recht bei Neukunden. Das Vermehren von Kontaktaktivitäten hat vor allem den Sinn, neue Möglichkeiten und Chancen zu eröffnen. Eröffnen bedeutet hier, durch den Kontakt zuerst einmal die prinzipielle Möglichkeit einer Chancenerkennung zu haben. Dieses Prinzip gilt im gleichen Ausmaß sowohl für einen Vekaufseinsteiger als auch für langjährig erfahrene Verkäufer.

Profi-Verkäufer haben um 30 Prozent mehr Kontakte zu Menschen, die ihnen geschäftlich nützlich sein können!

Das Eröffnen von Möglichkeiten und Chancen kann vieles bedeuten. Es kann bedeuten, dass man Kenntnis erlangt von einer neuen Möglichkeit auf ein Geschäft. Aber es kann auch bedeuten, dass Sie Chancen sehen, die letztlich zu einer besseren Form der Zusammenarbeit führen können und der Kunde dadurch besser gebunden wird. Die Logik besagt, dass Sie als Verkäufer alles daran setzen sollen, die Kontaktrate – also entweder die mit dem Kunden verbrachte Zeit oder die Kontakte zu verschiedenen Kunden – zu erhöhen. Nur durch diese zusätzlichen Aktivitäten haben Sie die Möglichkeit, Kenntnis von neuen Chancen bei Ihren Kunden zu erlangen. Und diese neuen Chancen sind für die Geschäftsmöglichkeiten der Zukunft und zur Absicherung bestehender Kunden wichtig.

Marktpräsenz steigert Ihren Marktdruck

Verkäufer kennen im Schnitt zwischen 200 und 600 Menschen, die ihnen geschäftlich von Nutzen sein können. Profi-Verkäufer kennen hingegen 300 bis 1 000 Menschen, die ihnen geschäftlich von Wert sein können. Zu diesen Menschen gibt es eine Reihe von beruflichen und teilweise auch privaten Kontakten, die zu Beziehungen führen. Das sind klassischerweise Kontakte mit privaten Kunden, mit Eigentümern, dem Management sowie den Mitarbeitern der Kunden. Daneben gibt es andere Kontakte, die das Verkaufen indirekt unterstützen. Das sind zum Beispiel Absatzmittler, Vermittler, Berater und dergleichen mehr. Die Zahl Ihrer Gesamtkontakte schwankt je nachdem ob Sie als Verkäufer fünf, zehn oder 500 Kunden haben. Die Kontaktrate ist eng mit der Kontaktdauer verbunden und ist stark abhängig von der aktiven Verkaufszeit, die Ihnen tatsächlich zur Verfügung steht. Zusammenfassend kann man sagen, dass es viele Möglichkeiten gibt, Kontakte zu Kunden zu haben, aber die generelle Aussage ist: Egal wie, was und bei wem Sie verkaufen: Viele Kontakte zu Kunden sind im Verkauf immer ein Vorteil.

Marktdruck

Die Summe aller Kontakte eines Verkäufers bei seinen Kunden ist der *Marktdruck,* den er bei seinen Kunden ausübt. Wenn der Kunde den Marktdruck nicht spürt, kauft er beim Wettbewerb. Wenn Sie die Anzahl der Personen, die Sie kennen, mit der Kontaktanzahl zu diesen Personen multiplizieren, erhalten Sie Ihren Marktdruck. Dieser ist die Summe aller möglichen Kontakte zu Menschen, die Ihnen geschäftlich von Wert sind.

Marktpräsenz

Jeder Verkäufer erzeugt durch seine *Marktpräsenz,* seine Kontakte und Gespräche mit den Kunden einen bestimmten Marktdruck. Marktpräsenz erzeugt also Marktdruck. Dieser Marktdruck ist so zu verstehen, dass ein Kunde bei dem Verkäufer gerne einkauft, bei dem er den größten Marktdruck verspürt. Der Kunde lernt den Verkäufer und die Produkte besser kennen und er lernt den Verkäufer mit jedem weiteren positiven Kontakt mehr zu schätzen. Je höher der Marktdruck des Verkäufers ist, desto stärker ist der Wunsch des Kunden, bei diesem Verkäufer tatsächlich zu kaufen. Dieser Marktdruck darf dabei nicht *negativ* gedeutet werden. Es heißt nicht, dass der Verkäufer Druck auf den Kunden ausübt. Im Gegenteil: dieser Druck ist positiv. Wer seine Kunden nicht kennt, erzeugt auch keinen Marktdruck. Kunden, bei denen der Marktdruck hoch ist, haben ein Verlangen, bei diesem Verkäufer zu kaufen.

Im Folgenden werden einige Möglichkeiten vorgestellt, wie Sie Ihre Kontaktrate und damit den Marktdruck erhöhen können.

Die Schlagzahl erhöhen

Machen Sie jeden Tag einen Kontakt mehr. Erhöhen Sie die Schlagzahl. Wenn ein Verkäufer automatisch die Schlagzahl erhöhen und zudem entweder die Frequenz und/oder die Kontaktintensität bei bekannten Kontakten oder die Anzahl neuer Kontakte erhöhen möchte,, fallen den meisten Menschen viele Argumente ein, warum dieses Vorhaben unsinnig ist. Man könnte meinen, der Verkäufer würde zu einer reinen Aktionsmaschine abstumpfen; er würde handeln ohne zu denken und auf blindwütigen Aktionismus setzen, der gefährlich werden kann. Diese Argumente können natürlich ihre Berechtigung haben und dennoch gibt es Situationen, in denen es durchaus Sinn macht, zu handeln ohne zu denken. Je unklarer die Situation, je komplexer die Marktlage und je höher der Veränderungsgrad in Märkten, umso weniger machen genaue Analysen einen Sinn. Hier ist es meistens besser zu handeln als zu planen, also die Schlagzahl zu erhöhen. Blindes Handeln ohne Ziel ist aber abzulehnen. Wo ist aber genau der Bereich, in dem blind gehandelt werden kann? Er ist dort zu sehen, wo Handeln als Ziel zu verstehen ist. Handeln hat eine Mehrfachbedeutung. Es gibt einen Handelsplatz, also einen Ort, an dem gehandelt wird. Die Schlagzahl am Handelsplatz zu erhöhen, ist für Verkäufer immer von Vorteil. Unser Handelsplatz ist der Platz, an dem wir auf unsere Kunden treffen. Das kann naturgemäß vieles sein: der Arbeitsplatz des Kunden, eine Messe, ein Schauraum, ein Café oder Restaurant. Aber in den seltensten Fällen ist es der eigene Schreibtisch.

Schaffen sie sich viele Bühnen

»Warum haben Sie den Auftrag gerade an diesen Verkäufer vergeben?«, wurden einige Unternehmer gefragt, die vor kurzer Zeit etwas von einem Verkäufer gekauft hatten. 15 Prozent der Unternehmer antworteten: »Weil er gerade da war«, »weil ich ihn gestern gesehen habe«, »weil ich etwas von ihm gelesen habe« oder »weil ich den Verkäufer im Restaurant getroffen habe«. Eine hohe »Visibility«, also die theoretische Möglichkeit, dass ein Verkäufer mit einem Kunden irgendwie zusammentrifft, ist die Grundlage für eine hohe Marktpräsenz. Der Verkäufer darf nicht übersehen werden. Verkäufer, die das nicht berücksichtigen, sind bald »aus den Augen und aus dem Sinn«. Bei jedem noch so kleinen Kontakt mit dem Kunden senden Sie schwache Signale aus, die Interesse an Ihrer Person erzeugen. Der beste Marktdruck ist die Referenz, wenn andere beim Kunden positiv über Sie reden. Referenzen entstehen durch eine Marktpräsenz, die vom Kunden als angenehm empfunden wird. Schaffen Sie sich daher viele Bühnen, auf denen Sie vor Ihren Kunden auftreten können.

Haben Sie den Willen zum Handeln

Eine wichtige Voraussetzung für das Handeln ist der Wille zum Handeln. Woher nehmen wir die Kraft, um zu handeln, und wie motivieren wir uns, um zu handeln? Was ist die wesentlichste Ursache des Erfolgs? Es ist die Bereitschaft zu handeln. Das Setzen von Aktivitäten ist dabei das Basiselement des Tüchtigseins, es ist der Ausgangspunkt. Das Setzen dieser Aktivität setzt auch Risiko voraus, zumindest das Risiko nicht immer klar abschätzen zu können, was diese Aktivität tatsächlich bringt. Wer viele Entscheidungen benötigt und nach der absoluten Präzision sucht, bevor er aktiv wird, kann zum Gefangenen der Inaktivität werden.

Gehen Sie neue Wege

Gehen Sie neue Wege, probieren Sie Vieles, ergreifen Sie viele Möglichkeiten und verlassen Sie eingetretene Pfade. Kontaktieren Sie laufend neue Kunden oder überlegen Sie sich einen neuen Zugang, mit neuen Argumenten und anderen Ansätzen zu den bereits bestehenden Kunden. Bisher sind wir immer von einer Handlung nach einer gründlichen Analyse der Faktenlage ausgegangen. Auch hier ist es vielfach besser, einfach auf den Kunden zuzugehen und mit ihm gemeinsam Konzepte zu entwickeln.

Nutzen Sie viele Netzwerke

Wer ein gutes Netzwerk hat, findet darin immer genügend Chancen, neue Kontakte zu knüpfen. Der richtige Umgang mit seinem Netzwerk muss erlernt werden. Wer über ein großes Netzwerk verfügt, hat einen großen Vorteil in der Welt des Verkaufens. Und dieser Vorteil wirkt auch auf die Produktivität. Am ehesten ist eine Kontaktrate mit dem Säen in der Landwirtschaft zu vergleichen: Wenn Sie Kunden kontaktieren, ist das gleichbedeutend mit dem Ausbringen von Saatgut in der Landwirtschaft. Die Kontakte sind die Körner, die gesät werden. Je mehr gesät wird, desto mehr kann in der Folge geerntet werden. Wichtig ist vorab eine genaue Analyse, wie viele Kontakte in einer bestimmten Zeiteinheit von Ihnen geschlossen werden können – entweder am Tag, in der Woche oder im Jahr. Diese Kontakte sind bei allen Kunden wichtig, bei kleinen und großen, sowohl bei den Stamm- als auch bei den Neukunden. Je höher die Kontaktrate, desto höher ist auch Ihr Marktdruck, den Sie bei Ihren Kunden erzeugen.

Beim Kunden leben

Es gibt Verkäufer, die mit 100 Kunden pro Jahr essen gehen oder die Kantinen ihrer Kunden bis zu 100 mal benutzen. Sie gehen früh am Morgen durch die Firmentür ihrer Kunden und verlassen andere Kunden spätabends. Sie leben nicht nur von ihren Kunden, sie leben auch beinahe bei ihnen. Eine im Key Account und Projektgeschäft beliebte Methode ist das »Leben beim Kunden«. Die Kantine des Kunden ist ein beliebter Platz, um mit den Kunden in Kontakt zu treten, neue Kontakte zu schließen und vor allem auch gesehen zu werden. Dabei haben Sie die Chance, neue Abteilungen kennenzulernen und bei vielen Entscheidungen dabei zu sein. Vor allem beim Verkauf von Dienstleistungen, wie etwa bei Software und bei Beratungen, hat sich dieses Konzept bewährt.

Rasch starten

Wenn Sie gerade vor der Situation stehen, einen Markt neu aufzubauen oder überhaupt neu im Verkauf sind, dann ist es von Vorteil, wenn Sie sich bei den Aktivitäten auf eine hohe Marktpräsenz konzentrieren und mit voller Kraft starten. Jeder Versuch, alle notwendigen Informationen zu sammeln, um die Verkaufsqualität zu verbessern und dann erst auf den Markt zu gehen, wird fehlschlagen. Die beste Möglichkeit für einen gelungenen Start ist es, die Kontaktrate massiv zu erhöhen. Nur so wird es Ihnen gelingen, trotz einer schlechten Qualität schon am Beginn erfolgreich zu sein. Hier ist Ambition wichtiger als Perfektion. Wer nur auf Qualität setzt und wartet, bis er diese Qualität erreicht hat, verliert einen Teil des Marktes. Lasten Sie daher Ihre Arbeitszeit mit vielen Kontakten aus.

Querschießerkontakte nutzen

Wenn Sie einen Kunden besuchen, dessen Nachbar auch eines Ihrer Produkte verwenden könnte, dann machen Sie einen Querschießer. Diese Art von Querkontakten ist in vielen Branchen beliebt. Dabei nutzen Sie das nachbarschaftliche Verhältnis zu ihrem Kunden. Sie können den neuen Kunden sofort kontaktieren oder sich zumindest seine Adresse beschaffen. Es kann durchaus sein, dass Ihnen Ihr Kunde dabei hilft, diesen Neukunden aufzubauen. Gehen Sie mit offenen Augen durchs Leben. Jedes Gespräch ist eine Quelle für neue Kontakte.

Legen Sie Ihr Kontaktniveau fest

Es gibt im Verkauf zwei Effekte, die Ihre Kundenkontaktzahl beeinflussen. Es ist wichtig, beide Effekte zuerst einmal zu verstehen, um danach das eigene Kontaktniveau festzulegen. Der erste Effekt ist der Talfahrteffekt und der zweite ist der Aufholeffekt.

Talfahrteffekt

Stellen Sie sich zwei Männer mit jeweils der gleichen Statur, gleicher Muskulatur und gleichem Gewicht vor. Einer der Männer steht auf einem Tisch, der zweite steht ummittelbar davor. Die beiden reichen sich die Hände. Jetzt versucht der unten stehende Mann den oben stehenden herunterzuziehen. Gleichzeitig aber versucht der auf dem Tisch stehende Mann den unten stehenden hinauf zuziehen. Wer wird diesen etwas unfairen Wettkampf gewinnen? Raten Sie! In der Regel gewinnt der unten stehende Mann. Er kann auf die Hilfe der Schwerkraft vertrauen. Wer dieses Beispiel öfter durchführt, wird erkennen, dass mehr als 90 Prozent der Resultate immer wieder in die gleiche Richtung gehen. Hinunterziehen ist leichter als hinaufziehen. Ins Tal zu gelangen, ist leichter als auf den Berg zu gehen. Das ist der erste Effekt, der für Sie wichtig ist. Die Anzahl der Kontakte zu Geschäftspartnern und Kunden verringert sich leichter, als dass neue Kontakte entstehen. Beobachten Sie Ihr Kontaktverhalten. Es ist wichtig auf das Kontaktniveau zu achten und es nicht abfallen zu lassen.

Aufholeffekt

Der zweite Effekt, der die Anzahl der Kontakte beeinflusst, ist der Aufholeffekt. Viele von uns kennen Menschen, die abnehmen wollen. Viele bestätigen, dass es schwierig ist, das, was in einer bestimmten Zeit zugenommen wurde, in der gleichen Zeit wieder abzunehmen. In der Regel ist dafür eine längere Zeit notwendig. Dieses Phänomen findet sich in vielen Bereichen der Wirtschaft wieder; auch dort dauern Auf- und Abbau Prozesse unterschiedlich lang. Im Verkauf ist es häufig nicht möglich, diese Kontakte beliebig zu erweitern. Wenn das der Fall ist, entsteht bei einer Reduzierung der Kontakte zu Kunden ein Kontaktloch. Es dauert länger, dieses Kontaktloch in der Zukunft wieder zu füllen, als es zur Entstehung brauchte. Bei uns ist es wichtig zu wissen, dass ein verlorener Marktdruck nur in einem langen Zeitraum wieder aufgeholt werden kann. Wer also kontinuierlich seine Kunden betreut, hat folglich automatisch mehr Kontakt zum Kunden, als jemand, der seine Kunden nicht kontinuierlich betreut.

Vermeiden Sie den »Schweinebaucheffekt«

Nehmen wir ein Beispiel aus dem Verkauf: Ein Verkäufer nimmt sich vor, fünf Kunden pro Tag zu besuchen. Diese Besuchszahl wurde in den ersten drei Wochen des Jahres tatsächlich erreicht, aber nahezu unbemerkt begann die Schlagzahl langsam zu sinken. Binnen zwei Monaten war die Besuchszahl auf durchschnittlich 2,3 Kundenbesuche pro Tag gesunken. Hier ist nahezu unbemerkt ein sogenannter Schweinebaucheffekt, also ein »Durchhängen« der Statistikkurve, entstanden. Es werden laufend weniger Kunden pro Tag besucht. Der Verkäufer erkennt diesen Missstand, will kompensieren und in den Folgewochen 8,7 Besuche pro Tag machen. Dadurch erhofft er sich, nach einer bestimmten Zeit dieses Ungleichgewicht wieder auszugleichen. Aber bereits nach einer Woche wird ihm klar, dass diese neue Schlagzahl nicht zu erreichen ist. Er schafft lediglich sechs Kundenbesuche pro Tag. Was waren die Gründe?

Zum einem war nicht genug Markt im Sinne einer Kundennachfrage vorhanden und zweitens war die Schlagzahlvorgabe bereits hoch angesetzt, daher war ein Übererreichen nur schwer möglich. Das Minus beim Marktdruck konnte daher nur in einem sehr langen Zeitraum wieder aufgeholt werden. Die Aktivitäten gehen leichter nach unten und es dauert viel länger, diesen entstandenen »Schweinbauch« in der Kontaktstatistik wieder aufzuholen.

Vermeiden Sie das Austrocknen des Geschäftsflusses

Es kann vorkommen, dass Sie als Verkäufer plötzlich mehrere Tage hintereinander nichts verkaufen, obwohl Sie normalerweise jeden zweiten Tag etwas verkaufen. Die Ursache liegt meistens in der Vergangenheit. Irgendetwas ist bei den Kontakten geschehen beziehungsweise schiefgelaufen. Das passiert, wenn die Kontaktrate zu den Kunden plötzlich abbricht. Das kann zum Beispiel durch unternehmensinterne Aktivitäten wie Firmenkongresse, Events und Schulungen in einer verkaufsaktiven Zeit entstehen. So sinkt Ihr Marktdruck abrupt und wenn Sie vom Meeting zurückkehren, entsteht er wieder. Wenn dieser Fall allzu häufig auftritt, dann hat das eine starke Auswirkung auf den gesamten Marktdruck. Um dieses Phänomen zu vermeiden, wird häufig in einem »sales level agreement« die Anzahl der verkaufsaktiven Tage pro Zeiteinheit mit einer Kontaktvorgabe festgelegt. Legen Sie täglich einen Zeitrahmen fest, in dem verkauft wird. Ein weiterer Tipp aus der Praxis ist: Vergeben Sie Punkte für die Stärke des Marktdrucks und versuchen Sie in kurzen Teilabständen die Punkte zu erreichen. Durch das Festlegen des Aktivitätsniveaus vermeiden Sie Aktivitätsschwankungen und Einbrüche bei Aktivitäten. Da verlorene Kontakte nur schwer aufgeholt werden können, ist auf Kontinuität der Leistung zu achten.

Erstellen Sie Ihren Kontaktplan

Wie bereits gesagt, kann die Anzahl der Kontakte stärker und auch schneller fallen, als sie steigen kann. Das Erhöhen dieser Durchschnittsschlagzahl um maximal 20 Prozent ist kurzfristig möglich. Ein kurzfristiges Verringern der Normwerte ist aber bis zu 90 Prozent realistisch. Wer diese Umsatzräuber in den Griff bekommen will, muss bei der eigenen Kontaktplanung den Hebel ansetzen. Entscheidend ist hier das Planungssystem jedes Verkäufers. Dadurch sollen Abweichungen rechtzeitig angezeigt werden. Wie kann konkret der »Schweinebauch« vermieden werden?

Dafür gibt es zwei Methoden: Versuchen Sie, Ihre Aktivitäten aufzuzeichnen und zu dokumentieren. Damit fällt Ihnen zumindest rechtzeitig das Entstehen eines »Schweinebauchs« auf. Achten Sie außerdem auf Kontinuität bei Ihren Kontakten. Bei vielen Verkäufern ist die Kontinuität von Aktivitäten von Januar bis zum Dezember ein wichtiger Erfolgsfaktor.

Das Thema Kontakte ist nicht nur beim Verkauf von unkomplizierten, nicht beratungsintensiven und kurzlebigen Produkten wesentlich. Auch im Projektgeschäft und im langfristigen Kundenbeziehungsmanagement ist es wichtig, einen hohen Marktdruck beim Kunden zu haben. Die Effekte sind nahezu die gleichen, nur die Zeiträume in denen Sie die Auswirkungen erkennen, sind oft wesentlich länger.

Tipps von Profi-Verkäufern

1. Zählen Sie Ihre Kontakte mit Menschen, die Ihnen geschäftlich nützlich sein können. Kontakte sind der Garant für Ihren Marktdruck als Verkäufer. Agieren ist im Verkauf immer der erste Schritt für einen Markterfolg.
2. Wenn Sie sich eine Kontaktvorgabe gegeben haben, halten Sie diese auch ein. Sobald sich die Kontaktzahl nach unten bewegt, steuern Sie bewusst dagegen.
3. Nutzen Sie jede Gelegenheit, mit Ihren Kunden in Kontakt zu treten. Versuchen Sie, jeden Kundenkontakt mit sinnvollen Inhalten zu füllen. Vermitteln Sie bei jedem Kontakt eindeutig, was Sie machen und auch was Sie besonders gut machen.
4. Vereinbaren Sie mit sich selbst ein »sales level agreement«, bei dem Sie festlegen, wie hoch Ihr Marktdruck in einer bestimmten Zeiteinheit ist. Legen Sie dabei die Anzahl der Kontakte mit Ihren Geschäftspartnern fest.
5. Wer nicht sät, kann nicht ernten. Viele Kundenkontakte sind die Basis jedes Verkaufserfolgs. Erst durch die Kontakte selbst erkennen Verkäufer die Chancen in den Märkten. Und nur wer vieles anbietet, wird manches in Erfüllung gehen sehen. Hier gilt wieder die Regel: Wer aus dem größeren Pott auswählen kann, hat mehr Kunden mit hohen Potenzialen.
6. Erhöhen Sie den Marktdruck mit einer hohen Präsenz bei den Kunden.
7. Vermehren Sie Aktivitäten. Sie sind der zentrale Ansatzpunkt für die Steigerung der Produktivität.
8. Investieren Sie Zeit beim Großkunden. Es ist wichtig, immer am Ball zu bleiben und die Chancen abzuholen.
9. Erhöhen Sie die Kontaktrate bei kleinen Kunden.

Kapitel 5

Der dritte Schlüssel: Die Chancenbasis verbreitern

Die Aufgabe jedes Verkäufers ist es,
Kontakte in Chancen
und Chancen in Ergebnisse umzuwandeln!

Wer Chancen hat, hat viele Möglichkeiten.
Wer viele Möglichkeiten ergreifen kann,
kann sich die besten aussuchen.
Wer sich die besten aussuchen kann,
macht die besten Geschäfte
und dem geht die Hoffnung auf gutes Gelingen niemals aus.

In der Regel werden nur maximal *20 Prozent* der Chancen, die ein Markt oder all seine möglichen Kunden einem Verkäufer tatsächlich bieten, auch *genutzt*. 80 Prozent der Chancen bei Ihren Kunden bleiben meistens ungenutzt. Von den 20 Prozent, die tatsächlich genutzt werden, wandeln sich im Schnitt nur die Hälfte in weiterer Folge in Aufträge, Bestellungen und Geschäftsmöglichkeiten um. Dass ein so großer Prozentsatz der potenziellen Chancen ungenutzt bleibt, liegt erstens an der schieren Unmöglichkeit, alles über den Markt und die eigenen Kunden zu wissen und dieses Wissen auch zu nutzen. Zudem ist es unmöglich, überall präsent zu sein. Zweitens sind die Chancen für alle da, also auch für die Konkurrenz. Drittens ist es unmöglich, immer genau dann beim Kunden zu sein, wenn eine Chance entsteht. Diese verschiedenen »Unmöglichkeiten« dürfen Sie aber nicht davon abhalten, ständig auf der Suche nach neuen Chancen zu sein und laufend die eigene Chancenbasis zu verbreitern. Die meisten Chancen erkennt der Verkäufer nicht. Außerdem gibt es wenige Chancen, die der Verkäufer zwar erkennt, auf die er aber nicht eingeht, weil er sie nicht beachtet, nicht professionell bearbeitet oder sie wieder vergisst.

Profi-Verkäufer können aus den gleichen Kontakten
um bis zu 20 Prozent mehr Chancen herausholen!

Profi-Verkäufer kennen viele Chancen. Sie können einen höheren Prozentsatz an Chancen aus ihrem Markt herausholen, das heißt, sie haben erstens mehr Chancen zur weiteren Bearbeitung und zweitens sind sie in der Lage, das Verhältnis zwischen erkannten Chancen und tatsächlichen Aufträgen zu verbessern. Das ist das Thema des vierten Faktors.

Es ist illusorisch, alle Chancen seines Marktes und seiner Kunden zu kennen. In diesem Kapitel konzentrieren wir uns auf das Thema Chancenmanagement und die Frage, wie Sie mehr Chancen aus den Märkten und Kunden generieren können. Der erste Teil des Chancenmanagements besteht aus dem Sehen und Erkennen von Chancen. Die Frage ist hier, welchen Anteil an Chancen Sie aus Ihren Kontakten entwickeln können. Der zweite Teil des Chancenmanagements ist das Nutzen von Chancen. Doch bevor wir uns diesem Bereich widmen, sollten wir uns mit den Grundlagen von Chancen beschäftigen.

Chancen sehen

Was ist nun eine Chance?

Ein Gastwirt hört, dass die Tochter eines seiner treuesten Stammgäste die Absicht hat zu heiraten und eine große Hochzeitsfeier auszurichten. Er sieht die Chance, dass das Hochzeitsfest in seiner Gaststätte veranstaltet wird.

Im Supermarkt wird durch einen Regalumbau ein neuer Platz frei. Ein Verkäufer für Markenartikel geht durch den Supermarkt und erkennt die Chance für eine zusätzliche Zweitplatzierung seiner Produkte.

Ein Investmentbanker erfährt, dass sich ein Unternehmer aus dem Geschäftsleben zurückziehen und sein Unternehmen verkaufen will. Er erkennt die Chance, ein Verkaufsmandat vom Kunden einzuholen.

Der Verkäufer im Autohaus erfährt, dass der Sohn seines Stammkunden gerade den Führerschein bekommen hat. Er erkennt die Chance für den Verkauf eines Autos.

Chancen sind genau das, was das Verkaufen für viele so faszinierend macht und einer der Gründe, warum Verkäufer selten in andere Berufe wechseln. Es vergeht kein Tag, an dem nicht aufs Neue ganz neue Chancen bei den Kunden und in den Märkten entstehen. Sie geben jedem Verkäufer Hoffnung, Perspektive und Zukunft und sind damit eine gewaltige Motivation für jeden, der verkauft. Chancen sind wie eine Quelle, die niemals versiegt. Viele Verkäufer sind der Ansicht, dass Chancen sehr viel zur eigenen Selbstsicherheit und zum beruflichen Selbstbewusstsein beitragen, da sie der sichere Garant für zukünftige Geschäfte sind. Chancen zeigen uns aber auch, wie es unserem Markt geht. Wer sich mit Chancen beschäftigt, merkt, ob sie zu- oder abnehmen, und erkennt, wie der persönliche Markt wächst oder schrumpft. Chancen zeigen aber auch auf, ob Sie die richtigen Kontakte zu den richtigen Kunden haben, aus denen sich dann Chancen entwickeln können. Sie sind außerdem ein Indikator dafür, ob Sie überhaupt genügend Kontakte haben.

Die Chance ist der logische nächste Schritt nach einem Kontakt mit dem Kunden. Die Chance ist nur dann vorhanden, wenn aus einem Kontakt eine zukünftige neue Geschäftsmöglichkeit entstehen kann. Die Betonung liegt hier auf *kann,* denn ob eine Chance entsteht oder nicht, hängt in hohem Ausmaß von Ihrer verkäuferischen Leistung ab.

Grundlagen Ihres Chancenmanagements

Ob ein Verkäufer eine Chance pro Monat, zwei pro Woche oder fünf pro Tag hat, ist in hohem Maße von der Branche, in der er arbeitet und von der Verkaufsform abhängig. Aber egal, wie viele Sie haben, Chancen bei Kunden lassen sich durch mindestens drei Kennzeichen bestimmen: *Erstens* ist es die Zeit, in der die Chance möglich ist. Jede Chance hat ein offenes Fenster, ein »window of opportunity«. Das *zweite* wichtige Kennzeichen ist der Ort der Chance. Jede Chance hat auch einen Ort, an dem sie erkannt und einen Ort, an dem sie realisiert werden kann. *Drittens* hat jede Chance ein Potenzial, das heißt, es ist nicht egal, ob eine Chance klein oder groß ist.

Zur richtigen Zeit …

Widmen wir uns zuerst einmal dem ersten Thema, dem Gültigkeitszeitraum von Chancen, denn jede Chance hat auch ein Ablaufdatum. Ab diesem Ablaufdatum ist sie nicht mehr vorhanden. Ein Konkurrent von Ihnen hat beispielsweise die Chance früher als Sie genutzt oder der Kunde hat sein Interesse am Kauf verloren. Eine Chance muss folglich zur rechten Zeit genutzt werden. Chancen haben, wie bereits erwähnt, ein Chancenfenster, ein »window of opportunity«, in dem sie bearbeitet werden können. Nur wenn das Fenster offen ist, lassen sie sich bearbeiten. Chancen-Zeitfenster entstehen zum Beispiel, wenn Budgets beim Kunden freigegeben werden, Saisonalitäten eintreten, Veränderungen der Gesetzeslage neue Absatzchancen ergeben, Veränderung der Produktion bei Ihren Kunden Zusatzbedarf erzeugen, der Kunde unzufrieden mit Ihrem Konkurrenten ist und quasi auf einen Vorschlag von Ihnen wartet. Alles, was die Möglichkeit auf ein Geschäft bietet, ist eine Chance.

... am richtigen Ort ...

Eine Chance hat meistens einen Ort, an dem sie erkannt werden kann. Das kann am Arbeitsplatz des Kunden sein, aber genauso auf einem Empfang oder einer Party. Es kann auch der Platz vor der Haustür des Kunden sein, sie kann auch beim Nachdenken im Kaffeehaus entstehen. So gibt es bei vielen Kunden Veranstaltungen und auch Rituale, bei denen Sie dabei sein müssen. Das Entscheidende am Faktor Ort ist, dass Sie nur dann eine Chance erkennen können, wenn Sie auch tatsächlich vor Ort sind.

... das Richtige tun

Es gibt maßgebliche und unwesentliche, große und weniger große Chancen. Es ist wichtig, bereits in einem frühen Stadium zu erkennen, welches Potenzial sich jeweils hinter den von Ihnen erkannten Chancen verbirgt. Einer unwesentlichen Chance nachzulaufen, hat wenig Sinn. Sie haben mit Sicherheit Wichtigeres zu tun. Bei einer Chance mit viel Potenzial soll zumindest die theoretische Möglichkeit gegeben sein, ein wichtiges Geschäft abzuschließen. Chancen müssen also selektiert werden, damit Sie Ihre Energie auf die Besten lenken können. Bekommen Sie ein Gefühl dafür, wie Sie Ihr Chancenmanagement aufbauen.

Chancen nutzen

Chancen sind eins der motivierendsten Dinge beim Verkaufen. Sie entstehen jede Sekunde bei allen Kunden, die Sie bereits betreuen und bei jenen, die Sie noch betreuen wollen. Diese Chancen warten nur darauf, von Ihnen erkannt und genutzt zu werden. Chancen entstehen durch Bedürfnisse bei den Kunden. Sie können durch pure Anwesenheit von Verkäufern beim Kunden entstehen. Alleine dieser Gedanke verändert vieles. Wer sich darauf einstellt, viel Zeit beim Kunden zu verbringen und oft zum Kunden zu gehen, der hat in der Regel ein besseres Chancenpotenzial, schon allein wegen seiner hohen Kontaktrate.

Profi-Verkäufer konzentrieren sich
zuerst auf die Chancen und
danach auf die Quoten!

Bisher haben wir uns mit dem Thema beschäftigt, wie wir die Kontakte ausbauen können. Jetzt geht es um die Chance auf ein Geschäft. Der Kontakt ist die Initialzündung, aber erst die Chance ist eine konkrete Möglichkeit zum Geschäft. Die Chance steht in der Mitte zwischen einem Kontakt und einem neuen Geschäft. Wer Neues wagt und erfolgreich ist, antwortet auf die Frage, wie es zu dem Erfolg gekommen ist oft: »Das war Zufall!« Genauso, wie wenn Sie im Flugzeug neben einem Passagier sitzen, der genau Ihre Dienstleistung oder Ihre Produkte benötigt. Sie erfahren das aber nur dann, wenn Sie mit ihm in Kontakt treten – wenn nicht, dann gibt es auch keine Chance. Zufälle gibt es also eigentlich nicht, denn viele dieser »Zufälle« sind das Ergebnis Ihres professionellen Verkaufens.

Ohne Kontakte keine Chancen

Die Anzahl Ihrer Chancen auf Geschäftsmöglichkeiten steigt linear mit der Anzahl der Kontakte. Die Grundlage aller Ihrer Chancen sind Kontakte, ohne Kontakte gibt es also auch keine Chancen. Sobald Sie die Kenntnis einer Chance haben, können Sie Ihre Chance ergreifen. Werden zu wenige Chancen aus den erkannten eröffnet, dann ist das gesamte Potenzial an Chancen zu gering.

Im Folgenden erstellen wir ein für Sie umsetzbares Chancenmanagement. Der erste Schritt ist es, den eigenen Markt in unterschiedliche Blickwinkel für Chancen zu gliedern. Die Frage, die hier beantwortet werden soll, ist: »Wie kann ich meinen Markt und meine Kunden nach Kriterien sinnvoll unterteilen?«. Jeder dieser Blickwinkel soll einen Zugang zu den Chancen öffnen und bei jedem anschließenden Kontakt soll im Kopf eine Art Rasterfahndung nach diesen Chancen erfolgen. Angenommen Sie haben vier Themen, die Sie bei einem Kundenkontakt ansprechen können. Aus den vier Themen können Chancen entstehen. Das Ziel des Gesprächs soll sein, diese Themen im Gespräch anzusprechen und die entstandenen Chancen zu nutzen.

Abschlussraten oder Chancen

Viele Verkäufer beschäftigen sich viel mit ihren Abschlussraten und Quoten und vergessen dabei völlig, dass das Verkaufen bereits viel früher, nämlich bei den Chancen beginnt. So wird sehr viel Energie in Trainings gesteckt, um die Abschlussraten zu verbessern. Nicht, dass diese Maßnahmen unnötig sind, aber würde man nur einen Teil der Energie in die Aufarbeitung von Chancen investieren, könnte man rein rechnerisch wesentlich mehr Erfolge erzielen als durch ein Verbessern der Abschlussraten. Das erklärt auch das in einigen Branchen vorkommende Phänomen, dass neue Verkäufer sehr rasch erfolgreich werden können. Sie erhöhen ihr Chancenpotenzial und werden dadurch erfolgreich, obwohl sie mit einer schlechten Abschlussrate starten. Eine Erhöhung des Chancenpotenzials um 10 Prozent pro Monat bewirkt in der Regel ein besseres Ergebnis als eine Verbesserung der Abschlussquote um 10 Prozent. Warum ist das so? Warum ist eine Chancenquote wichtiger als eine Abschlussquote? Der Hauptgrund ist: Wer mehr Chancen hat, kann sich auf die besseren Chancen konzentrieren. Es werden die wichtigeren, größeren und wertvolleren Chancen bearbeitet. Der zweite Grund ist: Wer aus 100 Chancen 10 Prozent realisiert, erreicht mehr als jemand, der aus einem Potenzial von 30 Chancen 20 Prozent realisiert. Wenn die Chancenpotenziale bei den einzelnen Kunden unterschiedlich groß sind, ist die Bearbeitung der Chancenquote viel wichtiger als die Abschlussquote. Der größte Vorteil aus vielen Chancen ist, dass die besten ausgewählt werden können. Je größer das Chancenpotenzial ist, desto mehr können Sie wählen.

Auch der psychologische Aspekt ist nicht zu unterschätzen. Wer viele Chancen und Möglichkeiten hat, der hat mehr Perspektiven in seinem Beruf und hat damit weniger Zukunftsängste. Viele Verkäufer und Unternehmer verwenden daher ein Blatt, auf dem sie die Chancen auflisten oder ein Buch, in das sie die Chancen hineinschreiben. Das gibt ihnen den schriftlichen Beweis, dass sie auch in Zukunft erfolgreich sein werden.

Doch hier soll auch auf ein erhebliches Problem im Umgang mit Chancen hingewiesen werden. Chancen werden häufig nicht erfasst, da kein messbares oder belegbares Ereignis dahinterliegt. So erfassen Verkäufer und Unternehmen viel eher konkrete Dinge, wie die Anzahl der Angebote oder die Anzahl der Kundenbesuche, doch die Anzahl der Chancen wird nicht so häufig erfasst, obwohl dies meiner Ansicht nach wichtiger ist als viele andere Aufzeichnungen. Viele Verkäufer nutzen als Chancenbuch ein Projektbuch oder tragen Chancen im Wochenplan ein, um stets zu wissen, welche Chancen möglich beziehungsweise vorhanden sind.

Chancen planen

Es sind zwei Dinge wichtig, wenn Sie Chancen dokumentieren: Erstens soll das System, das Sie einsetzen, einfach sein. Es sollte Ihnen täglich einen Überblick über Ihre Chancen bieten. Und zweitens soll das System erlauben, die besten Chancen laufend abzusahnen und zu bearbeiten. Erstellen Sie sich eine Projektliste, in der Sie jede Chance, der Sie begegnen, eintragen.

Das Ergebnis des ersten Schrittes ist es, vor allem die Fähigkeit zu besitzen, die Aktivitäten zu erweitern und zu verbreitern und letztlich auch die Kontaktrate zu erhöhen. In handlungsorientierten Berufen ist es wichtig, viele Verkaufschancen zu eröffnen, um nachhaltig im Verkauf erfolgreich zu sein. Ihre drei großen Vorteile aus dem Durcharbeiten des ersten Faktors sind:

- mehr Zeit für die Kunden zu haben und die Kundenzeit besser auszunutzen;
- mehr Kunden zu kontaktieren oder mehr Zeit mit den wichtigen Kunden zu verbringen;
- die Chancen systematisch zu bearbeiten und zu verbreitern.

Tipps von Profi-Verkäufern

1. Halten Sie die Chancen schriftlich und gedanklich fest und dokumentieren Sie diese.
2. Bewerten Sie Chancen und beginnen Sie immer mit den erfolgversprechendsten.
3. Nutzen Sie Ihre Chancen als Quelle der Motivation. Sie zeigen Ihnen Ihre Perspektiven, die Sie beim Verkaufen erwarten können.
4. Sortieren Sie Chancen elektronisch. Vor allem bei vielen Kunden, vielen Produkten und vielen Chancenfenstern ist das ein Vorteil.

Beim ersten Faktor (»Mehr Aktivitäten«) gibt es drei Checkpunkte, die Sie analysieren können. Der erste ist Ihre Verkaufszeit, die Ihnen in einem Zeitraum von beispielsweise einer Woche zur Verfügung steht. Der zweite Checkpunkt ist die Anzahl der Kontakte, die Sie mit neuen und den bestehenden Kunden haben. Der dritte Checkpunkt ist die Anzahl der konkreten Chancen, die sich daraus ergeben können. Wählen Sie einen geeigneten Zeitraum aus und überlegen Sie sich ein Mengengerüst. Versuchen Sie die Schwachstellen zu finden und danach zu beseitigen. Schwachstellen sind hier der Flaschenhals, der das professionelle Verkaufen verhindert. Wenn Sie nun Ihre verkaufsaktive Zeit managen, die Kontaktrate erhöhen und die Chancen bewerten können, gehen Sie zum zweiten Schritt über und bestimmen Sie die richtige Aktivität.

Die Abenteuer eines Verkäufers: Der Sinn des Verkaufens

Es war ein Freitagmorgen, exakt acht Uhr, als eine Gruppe von Verkäufern das Unternehmen betrat. An diesem Tag war es ruhig im Unternehmen, ruhig in der Stadt und ruhig auf der Straße. Wir waren die einzigen, die diesen Tag im Unternehmen verbrachten. Alle anderen Mitarbeiter genossen diesen schönen Maitag zu Hause bei ihren Angehörigen. Es war ein Brückentag, in der Regel jener Freitag nach einem Feiertag. Kunden waren an solchen Tagen schwer für die Verkäufer erreichbar, daher hatte der neue

Verkaufsleiter genau diesen Tag für das Verkaufstraining ausgewählt. »Wenn man schon keine Kunden erreicht, dann soll man wenigstens etwas lernen«, hatte er gesagt. Ich wurde von seiner Sekretärin eingeladen.

Wir Teilnehmer tauschten vor dem Training kaum ein Wort. Uns fünf hatte es erwischt. Wir wurden »auserwählt«, an diesem besonderen Training teilzunehmen. Die Einladung bestand nur aus einem Dreizeiler. Keiner von uns wusste genau, was uns erwartete. »Wieder so ein Training«, dachten wir uns. Das Training hatte keinen Titel, keinen Zeitplan, nicht einmal eine Agenda. Jedem von uns stand die Wut ins Gesicht geschrieben und wir alle waren alles andere als motiviert, dieses Training zu besuchen. Doch es war keines der üblichen Verkaufstrainings, für das wir eingeladen wurden. Die Teilnehmer waren alle erfahrene Verkäufer und hatten in ihrem Verkäuferleben schon eine Reihe guter und schlechter Trainings hinter sich gebracht. Aber diesmal war es anders. Man spürte von der ersten Minute an eine besondere Stimmung im Seminar. Keine Kamera, kein Fernseher, nicht einmal Unterlagen lagen bereit. Der Trainer – wieder ein Neuer – war nicht um die Sympathie der Verkäufer bemüht. Bei den bisherigen Trainings wurde der Trainer immer bewertet, wie gut er war und diese Bewertung war immer der Hauptgrund, ob er einen weiteren Auftrag erhält oder nicht. Aber dieser Trainer schien nicht auf Sympathie aus zu sein. Er sprach wenig und taxierte die Verkäufer mit seinen grünbraunen Augen. Er saß in der Mitte der Verkäufer, schwieg vor sich hin und ließ die Teilnehmer nicht aus den Augen. Er versuchte, die Pupille jedes einzelnen Verkäufers zu erfassen und ihm tief in die Augen zu sehen, um dann zum nächsten Verkäufer überzugehen.

Schließlich brach er das Schweigen nach einigen Minuten und fragte mich: »Was ist das Wichtigste im Verkauf?« Ich antwortete: »Die Kunden verstehen.« Er schüttelte den Kopf und fragte den nächsten Verkäufer. Dieser antwortete: »Die Kunden betreuen.« Der Trainer schüttelte wieder den Kopf. Einige weitere Antworten kamen, aber er schüttelte immer den Kopf und sagte, dass er sehr unzufrieden mit den Antworten sei. Als niemand mehr antwortete, fragte er erneut: »Was ist das Wichtigste im Verkauf?« Und wieder war er mit den Antworten nicht zufrieden. Plötzlich stand er auf, griff ohne ein Wort zu sagen nach seinem Sessel, drehte ihn um und riss eine angeklebte Banknote von der Unterseite seines Sessels. Er zeigte sie uns, hielt sie mit beiden Händen in die Höhe und stellte erneut die Frage: »Was ist das Wichtigste im Verkauf?« Die Seminarteilnehmer blickten nun verblüfft den Trainer an, die Frage wurde wieder von keinem beantwortet. Doch einige Seminarteilnehmer begannen nun, sich zu bewegen, standen hastig auf, griffen nach ihren Sesseln und drehten ihn um, in der Hoffnung eine angeklebte Banknote zu finden. Nun war es mit der Ruhe vorbei, im Seminarraum ging es turbulent zu. Ich fand eine Banknote an der Unterseite der Sitzfläche meines Sessels, andere nicht, was wiederum die Stimmung unter den Seminarteilnehmern anheizte. Keiner von uns Verkäufern blieb nun ruhig sitzen, jeder stand auf, drehte seinen Sessel um und suchte nach einer angeklebten Banknote. Nachdem sich der Tumult etwas beruhigt hatte, stellte der Trainer erneut die Frage: »Was ist das Wichtigste im Verkauf?«

Als der Trainer nur in fragende Gesichter blickte, antwortete er mit ruhiger Stimme: »You have to move your ass. Sie müssen sich bewegen, um an das Geld heran zu kommen. Sie haben sich von Ihren Sesseln erhoben und bewegt.« Nicht jeder von uns, der sich bewegt hatte, war erfolgreich gewesen und hatte eine Banknote unter seinem Sessel gefunden. Aber jeder musste sich bewegen, damit er die Chance auf eine Banknote hatte. Ich habe mich bewegt und halte nun Geld in der Hand. Dann erzählte der Trainer in nur drei knappen Sätzen den Zusammenhang zwischen der Bewegung und dem Erfolg. Leistung und Erfolg hängen nirgendwo im Unternehmen so eng zusammen wie im Verkauf. Er sagte, jeder der verkauft, müsse sich bewegen, müsse aktiv tätig sein und müsse auch ständig seine Leistung steigern können. Geld sei die Gegenleistung für die Bewegung der Mitarbeiter im Vertrieb. Je mehr sie sich bewegen, desto mehr Geld bekämen sie. Dann folgte wieder das große Schweigen.

»Jetzt spinnt er komplett«, dachte ich mir. »Was will er denn mit dem Kinderspiel?« Der Seminarteilnehmer, der in diesem Quartal unser bester Verkäufer war, hatte keine Banknote in der Hand. Er stand auf und brüllte den Trainer an: »Was sollen wir sonst noch tun? Wir haben unsere Zeit nicht gestohlen, wir sind in unserer Freizeit hier, wir sind die Einzigen, die an einem Brückentag arbeiten.« Und dann sagte er sehr fordernd: »Was steht heute noch auf dem Plan?« Darauf sagte der Trainer mit langsamer, ruhiger Stimme: »Verlassen Sie das Haus. Verlieren Sie keine Zeit. Bewegen Sie sich! Versuchen Sie, heute noch einen Kunden zu finden und ihn anzusprechen. Besuchen Sie täglich einen Kunden mehr!« Der angesprochene Verkäufer verlor nun endgültig die Nerven. Er verließ mit Wut im Bauch und einem »Idiot« auf den Lippen den Seminarraum. »Vertriebe müssen sich bewegen.«, dachten wir anderen uns im Hinausgehen. »Was glaubt denn der Siebengescheite, was wir bisher gemacht haben? Wir waren es, die aus dem Unternehmen das machten, was es heute ist und wir sind es, die auch dieses Training finanzieren. Von unserer Arbeit und aus unseren Umsätzen werden das Gehalt des Verkaufsleiters und die Tagessätze des Trainers bezahlt. Es ist eine Frechheit, uns an einem Brückentag ins Unternehmen zu zitieren. Und das alles für eine Schweigestunde inklusive der drei kurzen Binsenweisheiten: ›Verkäufer müssen sich bewegen.‹ Wo sollen wir uns denn an einem solchen Freitag noch hinbewegen und neue Kunden herbeizaubern. Heute arbeitet doch niemand.« Ich ärgerte mich! Jeder der Verkäufer ärgerte sich. Vielleicht ärgerte ich mich auch, wie leicht der Verkaufstrainer sein Geld verdiente. Für eine Viertelstunde Frechheiten kassierte er wahrscheinlich einen ganzen Tagessatz Honorar.

Zornig wie er war, tat der Teilnehmer, der frühzeitig den Raum verlassen hatte, das, was der Trainer von ihm verlangt hatte: Er setzte sich auf sein Motorrad und bewegte seinen Hintern. Nach neunzig Kilometern hatte er das »Höllental« erreicht, eine Lieblingsstrecke für Liebhaber unübersichtlicher, gefährlicher Kurven und wechselnder Straßenverhältnisse. Am ersten Parkplatz traf er zufällig einen Altkunden. Und der begann das Gespräch mit folgenden Worten: »Gut, dass ich Sie treffe. Wir planen neue Projekte in den nächsten Monaten, rufen Sie mich dazu nächste Woche an.«

Der zweite Faktor

Die richtigen Aktivitäten

Vorgaben – Schlüsselaktivitäten – Verkaufstreiber

Bis zu *3 600 Verkaufsaktivitäten* vom fünfminütigen Telefonat bis zu einem mehrstündigen Verkaufsgespräch können das Arbeitspensum eines Verkäufers innerhalb eines Jahres sein. Einige dieser Aktivitäten sind zielführend und bringen die erhofften Verkaufserfolge, wohingegen andere wertlos sind. Und es gibt sehr viele Aktivitäten, bei denen man vorher nicht wissen kann, ob sie letztlich sinnvoll oder wirkungslos werden. Bei den sinnvollen Aktivitäten gibt es einige wenige Aktivitäten, die bei den Kunden eine herausragende Wirkung zeigen und zu besseren Ergebnissen führen als andere.

Es gibt grundsätzlich vier Gruppen von Verkaufsaktivitäten. Die erste Gruppe sind die Schlüsselaktivitäten, die zu herausragenden Ergebnissen führen. Die zweite Gruppe sind die notwendigen Aktivitäten, die durchgeführt werden müssen, um zu verkaufen. Die dritte Gruppe sind Aktivitäten, die nicht unmittelbar zum Verkaufserfolg führen, die aber teilweise vom Verkäufer erledigt werden müssen. Die vierte Gruppe sind sinnlose und falsche Aktivitäten.

Alle notwendigen Aktivitäten, die im Verkauf zum Erfolg beitragen, sind die Treiber des Geschäftserfolgs. Wer seine Treiber kennt und die Aktivitäten genau beschreiben kann, kann zum nächsten Schritt übergehen und aus seinen Treibern die wichtigsten herausfiltern. Die wichtigsten Treiber sind die Schüsselaktivitäten eines Verkäufers. Schlüssselaktivitäten sind jene Aktivitäten, die den vertrieblichen Erfolg direkt positiv beeinflussen. Wer diese kennt, kann sich sehr einfach Aktivitätsziele setzen. Dieses Grundwissen über Ihre eigenen Aktivitäten sollte erst einmal *vorhanden* sein. Denn erst dann sind Sie in der Lage, sich vernünftige Vorgaben bei Ihren Aktivitäten zu überlegen. Die Vorgaben von Schlüsselaktivitäten werden von vielen Verkäufern zu einer praktischen Formel oder einer individuellen Verkaufsregel zusammengefasst. Das dient vor allem dazu, täglich den Überblick zu behalten und die Aktivitäten nach ihrer Wichtigkeit ordnen zu können. Vorgaben sollen sowohl kurz und knapp als auch klar verständlich sein und nur die Schlüsselaktivitäten und die notwendigen Aktivitäten beinhalten.

Aber das Wichtigste ist, die Steuergröße für Ihre eigenen Aktivitäten zu kennen. Vor allem bei den hunderten bis tausenden Aktivitäten, die Sie jährlich bei und mit Ihren Kunden durchführen, kann es sehr leicht vorkommen, im Trubel des Tagesgeschäfts den Überblick zu verlieren und aus einer agierenden Grundhaltung in ein passives Getriebenwerden zu geraten.

Kapitel 6

Der vierte Schlüssel: Die eigenen Verkaufstreiber finden

Immer zu wissen,
was notwendig, vorrangig und unnötig ist,
erspart im Tagesgeschäft eine
Menge an persönlicher Energie.

Nur *ein Drittel* der gesamten Arbeitszeit wird bei Außendienstmitarbeitern mit direkter Kundenbearbeitung verbracht. Wer seinen eigenen Tagesablauf als Verkäufer betrachtet und alle seine Aktivitäten in Blöcken sortiert, wird erkennen, dass es Aktivitäten gibt, die direkt für den Verkaufserfolg verantwortlich sind und andere, die nur indirekt zu einem Erfolg führen. Es wird auch Aktivitäten geben, die einfach getan werden müssen, die aber wenig oder sogar keinen Einfluss auf das Verkaufsgeschehen haben. Filtert man alle Aktivitäten heraus, die notwendig sind, um zu verkaufen, dann sind das Ihre Verkaufstreiber.

Treiber können unterschiedlichster Natur sein, etwa ein Kundengespräch, ein Kontakttermin, ein Akquisitionsgespräch, ein Routinebesuch bei einem Händler oder eine Präsentation, eine aktive Kundenansprache in einem Warenhaus, eine Produktvorführung, das Kundengespräch in einer Bank, die Anprobe von Kleidung, eine Videokonferenz, das Präsentieren von Prototypen für eine neue Serienproduktion, ein Nachfassgespräch, ein Nachverhandlungs- und Spezifizierungsgespräch, die Ansprache von Passanten, das Anklopfen an eine Haustür, ein Abschlussgespräch oder ein Preisverhandlungsgespräch.

Profi-Verkäufer machen
viele notwendige Aktivitäten.

Treiber sind alle notwendigen Aktivitäten auf dem Weg vom ersten Kontakt bis zum Verkaufserfolg. Die Anzahl der Treiber ist abhängig von der Länge und von der Komplexität des Verkaufszyklus. Wenn zum Beispiel der Verkaufszyklus kurz ist, wenn also nur ein Gespräch mit dem Kunden für einen Verkaufserfolg notwendig ist, dann gibt es wenige Treiber. Bei mehrmonatigen und mehrjährigen Verkaufszyklen können hingegen sehr viele Treiber vorhanden sein. Wenn es mehrere Treiber gibt, dann gibt es häufig eine vorgegebene Reihenfolge, die eingehalten werden soll. Am einfachsten ist es, wenn Sie all Ihre Aktivitäten auf dem Weg zu Ihrem Verkaufserfolg beschreiben. Treiber sind aber mehr als nur bloße Aktivitäten; sie sind die für den Verkaufserfolg *notwendigen* Aktivitäten.

Lernen Sie Ihre Verkaufstreiber kennen

Ein Verkäufer muss im Durchschnitt zwischen *einer* und *zehn* Aufgaben erledigen, um einen einzigen Verkaufsakt von Anfang bis zum Ende abzuwickeln. Die meisten dieser Aufgaben sind notwendig, um zum Verkaufserfolg zu gelangen. Je größer Ihre Kunden und Projekte sind, die Sie als Verkäufer betreuen, desto mehr Aufgaben sind normalerweise notwendig. Und wer nur einen einzigen großen Kunden betreut, bei dem kann es schon vorkommen, dass er vierzig oder mehr Aufgaben ausführen muss, um einen einzigen Verkaufsakt zu beenden. Je geringer der Erklärungsbedarf und der Wert Ihrer Produkte und Dienstleistungen, desto weniger Schritte sind üblicherweise notwendig. Doch wie erkennen Sie die *notwendigen* Aufgaben für Ihre Zielerreichung im Verkauf? Am leichtesten sind die notwendigen Aufgaben in folgender Situation zu erkennen: Stellen Sie sich vor, Sie wären ab morgen im Urlaub. Welche Aufgaben müssen Sie heute noch erledigen? Wir wissen instinktiv, was notwendig ist und was für den Kunden unbedingt getan werden muss, aber auch was unwichtig ist. In der Regel würden Sie, wenn Sie ab morgen im Urlaub wären, alle für das Verkaufen notwendigen Tätigkeiten vorrangig bearbeiten. Auf jeden Fall ist jede einzelne Treiberaktivität eine Aktivität, die uns einen Schritt näher zum Verkaufsziel bringt.

Die Logik von Treibern

Treiber haben meistens eine innere Logik, eine Logik, die ihre Prioritätsreihenfolge und/oder den zeitlichen Ablauf festlegt. In dem nachfolgenden Beispiel soll das erklärt werden: Wer in früher Vorzeit Mammuts jagen wollte, musste einige Grundregeln beachten. Die Menschen in der Eiszeit mussten jederzeit genug zu Essen haben. Dazu war es wichtig, in regelmäßigen Abständen ein großes Tier zu erlegen, um die gesamte Sippe mit ausreichend Fleisch zu versorgen. Daneben gab es noch einiges an Kleinvieh, das gejagt werden konnte. Aber mit Kleinvieh alleine würde die Sippe wahrscheinlich verhungern. Vergleichen wir den Verkäufer mit dem Mammutjäger, dann sind die Tiere die Aufträge, denn sie sind das, was der Verkäufer zum Überleben benötigt. Bei der Jagd von Mammuts gibt es eine Regel. Sie lautet: Zuerst muss das Mammut gefunden werden, bevor man beginnen kann, es zu jagen! Das Finden der Mammuts ist eine der entscheidenden Aktivitäten im gesamten Jagdprozess. Erst wenn ein Mammut gefunden ist, kann die eigentliche Jagd beginnen. Wir haben es also mit zwei Arten von Aktivitäten zu tun: die erste ist das Identifizieren der Beute und die zweite ist das Erlegen dieser. Die Reihenfolge dieser Aktivitäten birgt also eine klare Logik. Jemand, der bei der Jagd selbst noch so gut ist, hat keinen Erfolg, wenn er keine Mammuts findet. Genauso wie bei der Mammutjagd haben Sie einen oder mehrere Treiber im Verkaufsprozess. Einige Beispiele aus der Verkaufspraxis:

Als Immobilienmakler haben Sie in der Regel zwei Arten von Treibern: erstens das Akquirieren von Immobilien und zweitens das Verkaufen oder Vermieten dieser. Zuerst müssen die Kunden gefunden werden, die eine Wohnung verkaufen oder vermieten wollen. Nur wer viele Wohnungen im Angebot hat, kann diese auch an andere Kunden verkaufen.

Als Autoverkäufer ist es wichtig, für die Frequenz im Schauraum für Autos zu sorgen. Wenn die Kunden dann in den Schauraum kommen, können die Autos verkauft werden.

Ein technischer Verkäufer muss zuerst einmal ein Projekt beim Kunden erkennen, dann muss das Budget dieses Projektes vom Kunden genehmigt werden und erst danach beginnt der Verkaufsprozess.

Damit wird klar, dass es bei Treibern auch zu Engpässen kommen kann. Es müssen immer genügend initiale beziehungsweise vorgelagerte Treiber vorhanden sein, um die jeweils nachfolgenden ausführen zu können.

Füllen Sie die aktive Verkaufszeit mit Verkaufstreibern

Wenn Sie Ihre Verkaufszeit als Bottich verstehen, dann soll dieser Bottich ausschließlich mit den Aufgaben gefüllt werden, die für das Verkaufen zwingend notwendig sind. Die meisten Treiber haben daher eine klare zeitliche Abfolge. Die wohl berühmteste Logik im Direktvertrieb ist der Erstkontakt gefolgt von einem Gesprächstermin, danach eine Präsentation, einer Angebotslegung und dann erhält man, wenn der Kunde überzeugt ist und zustimmt, den Auftrag. Diese Logik wird meistens als Verkaufstrichter oder als Verkaufsprozess dargestellt.

Händlerbetreuung

Wer Händler, Makler, Handelsvertreter, Filialen oder Absatzmittler betreut, hat in der Regel laufend Kontakt zu seinen Kunden, die dann auch regelmäßig Waren bestellen. In der Betreuung von Händlern und Auftragsmittlern ist der klassische Treiber der Besuch oder ein Gespräch mit dem Kunden vor Ort. Hier geht es darum, bei jedem Kontakt, bei jedem Besuch, eine Wirkung zu erzielen, das heißt entweder den Umsatz, den Absatz, den Profit oder auch die Präsenz zu verstärken. Hier wird der Kunde besucht und beim Besuch oder dem Gesprächstermin werden Themen angesprochen, die dann die Treiber sind.

Großkunden

Die umfangreichste Anzahl von Treibern finden wir im Großkundengeschäft oder im Großprojektgeschäft, wo der Zeitraum vom ersten Kontakt bis zum Erhalt des Auftrags sehr lang sein kann und die Verkaufsaufgaben von mehreren Personen ausgeführt werden. Hier kann es schon vorkommen, dass Sie zwanzig oder mehr Treiberaktivitäten bei Kunden setzen müssen, um einen Vertrag oder Auftrag zu erlangen. Die Aktivitäten zur Erlangung eines Auftrags im Projektgeschäft oder alle notwendigen Aktivitäten zur Kundenbetreuung im Großkundenbetreuungsgeschäft sollen die Verkaufszeit ausfüllen.

Wer seine Treiber kennt und richtig nutzt, lernt notwendige von unwichtigen Aufgaben zu unterscheiden. Hier gibt es zwei Vorteile: einen auf der psychologischen und einen auf der organisatorischen Seite. Auf der *psychologischen* wird der Entscheidungsspielraum eingeschränkt und es ist leichter, sich auf das Notwendige zu konzentrieren, wenn das Unwichtige ignoriert wird. Damit verliert das Unwichtige immer mehr an Bedeutung.

Auf der *organisatorischen* Seite ist der Vorteil, dass der Arbeitsaufwand reduziert wird. Aber egal, wie sich diese Treiber auch unterscheiden und egal, in welchem Vertrieb Sie arbeiten, es ist in jedem Fall wichtig, die notwendigen Aktivitäten für das Verkaufen zu kennen und ein Gefühl zu entwickeln, wie viele es sind. Wenn Sie Ihre Treiber im Griff haben wollen, sollten Sie stets wissen, wie viele Aktivitäten tatsächlich in einer bestimmten Zeiteinheit von Ihnen ausgeführt werden können.

Vermeiden von Aktivitätsengpässen

Vertrauen Sie auf die Logik des Verkaufstrichers, der Sales Pipelines oder der Sales Funnels. Sie zeigen Ihnen genau, wo Sie Ihren Schwerpunkt bei den Verkaufstreibern setzen sollten. Sie zeigen, welche Aktivitäten fehlen, um den Verkaufsfluss nicht ins Stocken geraten zu lassen. Haben Sie zum Beispiel zu wenig Angebote, dann wissen Sie genau, wie viele vorgelagerte Aktivitäten wie Termine, Gespräche, Präsentationen, Kontakte oder neue Chancen Sie benötigen, um dieses Problem zu beseitigen. Die Treiber sind in einer ständigen Abhängigkeit zueinander. Im Umgang mit diesen Werkzeugen lernen Sie den Fokus Ihrer Aktivitäten ständig neu auszurichten und sich mit dem Treiber zu beschäftigen, der gerade der wesentlichste ist. Vermeiden Sie konsequent alle Arbeiten, die keine Treiber sind.

Tipps von Profi-Verkäufern

1. Fragen Sie sich jeden Tag, ob das, was Sie gerade tun, für das Verkaufen notwendig ist oder nicht. Wenn die Antwort »Nein« ist, machen Sie es nicht. Und danach führen Sie eine weitere notwendige Verkaufsaktivität durch.
2. Schreiben Sie Ihren Verkaufsprozess, also den Weg zum Umsatz, auf ein Blatt Papier. Beginnen Sie dabei rückwärts bei den Ergebnissen und beschreiben Sie genau die Aktivitäten, die unmittelbar zu dem Ergebnis führten. Dann stellen Sie sich die Frage, was vor dieser Aktivität für den Kunden zu tun war und beschreiben diesen Prozess solange, bis Ihnen keine Aktivitäten mehr einfallen. Beginnen Sie bei den Ergebnissen und enden Sie bei den ersten Kontakten. Das, was auf diesem Zettel steht, sind die notwendigen Aktivitäten.
3. Fassen Sie die notwendigen Aktivitäten zusammen, das sind Ihre Treiber.
4. In der Kundenzeit sollen, wenn möglich, nur Treiberaktivitäten durchgeführt werden. Alle anderen Aktivitäten sollen außerhalb der verkaufsaktiven Zeit stattfinden.
5. Bringen Sie die Treiber in eine Abhängigkeit zueinander. Das zeigt Ihnen, auf welchen Treiber Sie sich gerade konzentrieren müssen.
6. Wenn Sie in der Handelsbetreuung tätig sind, überlegen Sie sich Treiber, die den Umsatz des Händlers mit Ihren Produkten erhöhen. Überlegen Sie sich außerdem Aktivitäten für eine Erweiterung oder Optimierung des Sortiments oder Aktivitäten, die den Marketingauftritt beim Kunden verbessern. Erhöhen Sie diese Aktivitäten!

Nicht alle Treiber haben die gleiche Wichtigkeit. Sie sind zwar alle notwendig, um einen Verkaufserfolg zu erzielen, aber es gibt einige, die entscheidend für den Verkaufserfolg sind: die Schlüsselaktivitäten.

Kapitel 7

Der fünfte Schlüssel: Die Schlüsselaktivitäten vermehren

Wer die wichtigste Aktivität kennt
und auch gezielt steigern kann,
kann aktiv in die Beschleunigung
seines eigenen Verkaufsprozesses eingreifen.

Schlüsselaktivitäten beeinflussen unsere
Verkaufsergebnisse überproportional.

90 Prozent aller Verkaufsprozesse haben zumindest einen Wendepunkt. *40* Prozent aller Verkaufsprozesse haben zwei oder mehrere Wendepunkte. An diesen Punkten entscheidet sich, ob das Verkaufen zukünftig erfolgreich weitergeht oder nicht. Dieser Wendepunkt ist meistens an eine bestimmte Aktivität in Ihrem Verkaufsprozess gekoppelt. Die Aktivitäten an den Wendepunkten sind die *wichtigsten* Aktivitäten beim Verkaufen. Sie beeinflussen Ihr Verkaufsergebnis wie keine anderen Aktivitäten. Wer sie kennt und für sich nutzt, ist in der Lage, seine Ergebnisse zu steuern. Es gibt verschiedene Erklärungen für die Existenz und Wirkungsweise von Schlüsselaktivitäten: Wissenschaftlich gibt es verschiedene Begriffe und Bezeichnungen für dieses Phänomen. Der bekannteste Ansatz ist der »Key Performance Indikator«, der im Performance Management, in Produktivitätsanalysen oder im Reporting verwendet wird. Ein »Key Performance Indikator« ist eine bestimmte Aktivität zum Beispiel bei Verkäufern, an der man den Erfolg eines gesamten Unternehmens ablesen kann. Mathematisch spricht man von einer positiven Korrelation zwischen dem Ausführen von Aktivitäten und dem erzielten Ergebnis.

Es sind zwei Themen, die Sie nach dem Durcharbeiten dieses Kapitels beherrschen sollten. Erstens das Erkennen von Wendepunkten im eigenen Verkaufsprozess, zweitens das gezielte Erhöhen der Schlüsselaktivitäten. Wenn Sie alle Ihre Treiber im Verkaufsprozess kennen, können Sie zum nächsten Schritt übergehen und aus den notwendigen Treibern die wichtigste Aktivität – die Schlüsselaktivität – herausfinden. Wir wissen jetzt, was die richtige Arbeit ist, um das Ziel zu erreichen und werden nun im nächsten Schritt die Schlüsselaktivität bestimmen. Dabei geht es vor allem um das Wissen, welche der Aktivitäten die wichtigste ist, die Sie beim Kunden durchführen. Schlüsselaktivitäten sind meistens Wendepunkte im Verkaufsprozess. Wendepunkte sind Treiber, mit denen Sie einen wesentlichen Schritt näher zu Ihrem Verkaufsziel gelangen.

Profi-Verkäufer konzentrieren sich
auf Schlüsselaktivitäten und
haben keine Zeit für Unnötiges.

Es kann eine oder mehrere Schlüsselaktivitäten im Verkaufsprozess geben. Wer diese wichtige Aktivität kennt, kann sich auf diese konzentrieren und sie bewusst erhöhen. Diese Schlüsselaktivität erfüllt vor allem den Zweck, Ihnen eine Orientierung zu bieten. Sie erkennen dadurch, wo Sie gerade im Verkaufsprozess stehen. Zweitens erhalten Sie eine Erfolgskontrolle, wenn Sie die Schlüsselaktivität erfüllt haben. Im Trubel des Tagesgeschäfts verliert man nur allzu leicht den Überblick über die Aktivitäten. Oft wird den ganzen Tag gearbeitet und am Ende des Tages weiß man nicht, was getan wurde. Die Schlüsselaktivität ist Ihre wichtigste Aufgabe unter den notwendigen.

Die wichtigste Aufgabe aus den richtigen Aufgaben bestimmen

Bei einer Schlüsselaktivität ist der Einfluss der Aktivität auf Ihren Erfolg überproportional – wenn diese Eigenschaft nicht zutrifft, dann ist diese Aktivität »nur« ein Verkaufstreiber. Eine Schlüsselaktivität ist für einen Verkaufserfolg notwendig, sie ist hauptverantwortlich für den Verkaufserfolg, sie ist der entscheidende Wendepunkt. Wenn eine Schlüsselaktivität durchgeführt wird, ist der Erfolg um einen entscheidenden Schritt wahrscheinlicher. Wer also diesen Wendepunkt erreicht, kann zu 50 Prozent damit rechnen, den Auftrag zu erhalten. Wer es schafft, einen Termin beim

Kunden zu erhalten, hat bereits zu 70 Prozent verkauft. Damit wird deutlich, welche Aufgabe für Sie die wichtigste ist.

Wenn A, dann B

Wie ist das zu verstehen? A ist die Aktivität eines Menschen und B ist das gewünschte und durch A erzielte Ergebnis. Sind nun A und B voneinander abhängig, dann kann es Aktivitäten geben, bei denen bei einer Erhöhung von A um 10 Prozent der Faktor B um nur 5 Prozent steigt. Aber es wird auch Aktivitäten geben, bei denen sich bei einer Erhöhung der Aktivität A um 10 Prozent das Ergebnis B um 15 Prozent steigert. Wenn das Ergebnis wie in unserem Beispiel um 15 Prozent steigt, dann liegt die Vermutung nahe, dass es sich hier um eine Schlüsselaktivität handelt. Wenn Sie diesen Zusammenhang kennen, kann mit weniger Aktivitäten ein bestimmtes Ergebnis oder mit einer bestimmten Anzahl von Tätigkeiten ein höheres Ergebnis erzielt werden. Aktivitäten mit diesen Eigenschaften haben also einen überdurchschnittlichen Einfluss auf einen Geschäftserfolg und werden Schlüsselaktivitäten, Schlüsselschlagzahlen oder Ergebnistreiber genannt. Wie finden Sie nun aus allen möglichen Treibern den oder die wichtigsten? Grundsätzlich können Sie auf der Basis von Vergangenheitsdaten Aussagen ableiten, die auf Schlüsselaktivitäten schließen lassen. Oder Sie haben das Glück, durch einen logischen Schluss zu den Aussagen zu gelangen.

Was ist der Vorteil, wenn Sie Ihre Schlüsselaktivitäten kennen? Erstens reduzieren Sie Komplexität, das bedeutet Sie behalten einen klaren Kopf, wenn Sie sich auf die Schlüsselaktivitäten konzentrieren. Zweitens wird Ihre eigene Aktivitätsplanung vereinfacht. Drittens entwickeln viele Verkäufer ein Produktivitätsgefühl. In diesem Kapitel konzentrieren wir uns auf die Schlüsselaktivitäten. Was für Sie eine Schlüsselaktivität, was eine notwendige und eine wertlose Aktivität ist, können nur Sie selbst bestimmen. Es hängt von Ihren speziellen Gegebenheiten in Ihrer Branche, in Ihrem Geschäft und bei Ihren Kunden ab. Es kann durchaus sein, dass Sie eine andere Kundengruppe oder eine andere Kundenstruktur haben und daher auch andere Treiber und Schlüsselaktivitäten. Das macht die Sache nicht einfacher. Nehmen wir an, Sie sind ein Mitarbeiter an einem Postschalter und der Kunde will ein Paket aufgeben. Dann können Sie seiner

Aufforderung nachgehen und den Auftrag abwickeln. Wenn Sie aber den Kunden nach Wichtigkeit und Dringlichkeit des Pakets fragen, dann können Sie einige Zusatzleistungen verkaufen. Eine Sache richtig machen und das Richtige tun, ist nun einmal etwas anderes. Wenn ein Verkaufsakt aus mehreren verbundenen Tätigkeiten besteht, dann gibt es einige darunter, die mehr Wert haben und die mehr zum Ergebnis beitragen. Die richtigen Aktivitäten zu finden, bedeutet seinen Verkaufsprozess analytisch zu betrachten und bessere und auch schlechtere Aktivitäten trennen zu können.

Effektivität bedeutet, die Aktivitäten auszuführen, die uns unseren Zielen näherbringen. Effizienz ist hingegen, eine Aufgabe so gut wie nur möglich auszuführen. Beides steigert die Produktivität. In den nächsten beiden Kapiteln lernen Sie, mit Effektivität umzugehen. Wenn Sie diesen Schritt beherrschen, können Sie mit weniger aber wichtigeren Aktivitäten Ihren Output, also Ihre Ergebnisse erzielen. Von all den Aufgaben, die uns unseren Zielen näher bringen, gibt es einige wenige Aufgaben, die einen überdurchschnittlichen Einfluss auf das Ergebnis haben, und wenn Sie es schaffen, diese Aktivitäten gezielt zu erhöhen, können Sie auch das Ergebnis überdurchschnittlich beeinflussen.

Was sind meine Schlüsselaktivitäten?

Die folgenden Beispiele sollen Anregungen für das Finden von Schlüsselaktivitäten sein:

Bei Autoverkäufern, die an Privatpersonen verkaufen, ist eine Erhöhung der Aktivität »Probefahrten von Privatkunden« die Schlüsselaktivität. Die Formel lautet: Mehr Probefahrten ist gleich mehr verkaufte Autos. Wenn ein Autoverkäufer in einer Woche mehr Probefahrten mit Kunden hat als ein anderer, dann ist seine Wahrscheinlichkeit höher als die des Konkurrenten, mehr Autos in dieser oder in den Folgewochen zu verkaufen. Die Probefahrt ist also die Schlüsselschlagzahl für Verkäufer, die Autos an Privatkunden verkaufen, und diese soll über das gesamte Jahr gesteuert werden. Alleine die Kenntnis einer Schlüsselschlagzahl erleichtert Ihre eigene Steuerung im Vertrieb ungemein.

Für Verkäufer im Baugewerbe, die Baumaterialien an Baustellen verkaufen, ist das »Holen von Anfragen« von den Baustellen der Schlüsseltreiber ihres Geschäfts. Wenn Sie als Verkäufer mehr Anfragen nach Baumaterialien abholen, werden Sie am Ende des Tages mehr Geschäfte abschließen. Das Abholen und Generieren von Anfragen ist hier die wichtigste aller Aktivitäten. So ist auch hier bei einem Anstieg der geholten Anfragen der Umsatz des Unternehmens gestiegen.

In einem Möbelhaus ist die aktive Kundenansprache der entsprechende Schlüsseltreiber. Werden mehr Personen beim Besuch angesprochen, dann steigt die Kassensumme pro Mitarbeiter.

Im Vertrieb eines Softwarehauses ist das gemeinsame Erarbeiten eines »Geschäftsfalls mit dem Kunden« die entscheidende Schlüsselaktivität. Ein Geschäftsfall ist die Vorstufe zu einem konkreten Projekt. Wenn der Kunde sich die Zeit nimmt, gemeinsam mit dem Verkäufer einen Geschäftsfall auszuarbeiten, dann hat der Kunde im Kopf bereits eine Vorentscheidung getroffen, die uns näher zum Abschluss bringt. Je mehr Geschäftsfälle mit dem Kunden gemeinsam abgewickelt werden, desto höher ist der monatliche Auftragseingang.

In Filialbanken gibt es zwei Schlüsseltreiber. Der erste ist das »Ansprechen der Kunden«. Wenn ein Kunde in eine Filialbank geht und seine Bankgeschäfte erledigt, dann ist es die erste Schlüsselaktivität, ihn anzusprechen, ob er denn Zeit für ein Gespräch hat. Die zweite Schlüsselaktivität ist jedoch der darauf folgende ausführliche Termin mit dem Kunden. Je mehr Kunden zu einem solchen Gespräch bereit sind, desto mehr Bankprodukte werden verkauft.

Bei Versicherungsverkäufern mit vielen Stammkunden ist die Schlüsselaktivität der Pflegetermin. Werden die Kunden in regelmäßigen Abständen gepflegt (also betreut), steigt der Absatz von neuen Produkten. Für einen Versicherungsverkäufer ohne Stammkunden ist bei der Akquisition neuer Kunden das Erstgespräch die Schlüsselaktivität.

Als Direktverkäufer für technische Produkte ist ein Besuch im Schauraum oder ein Werksbesuch gemeinsam mit dem Kunden eine Aktivität, die, wenn sie gesteigert wird, eine überragende Wirkung auf die verkauften Produkte hat. Vorführungen aller Art können Schlüsseltreiber beim Kunden sein, vor allem dort, wo beim Kunden mitgearbeitet wird. Das kann zum Beispiel eine interaktive Backvorführung eines Backmeisters in einer Bäckerei sein.

Für beratende Verkäufer im Baugewerbe kann eine Architektenpräsentation, bei der die eigenen Produkte vorgestellt werden, eine Schlüsselaktivität sein.

Für Unternehmer, die Gartengestaltungen verkaufen, ist das Zeichnen eines Plans für den Kunden der Schlüsseltreiber. Wenn sich ein Kunde entschließt, von einem Gartengestalter einen Plan für den eigenen Garten zeichnen zu lassen, dann ist der Auftrag bereits zu 70 Prozent in der Tasche.

Die Anzahl der Nachfasstermine ist für einen Computerhändler die entscheidende Schlüsselschlagzahl. Oft werden sehr viele Angebote im Rahmen von Erstgesprächen mit den Kunden geschrieben. Das telefonische Nachfassen ist bei diesen Kunden die Schlüsselschlagzahl.

Für Beratungsunternehmen ist die Schlüsselaktivität eine Marketingpräsentation bei den Entscheidungsträgern. Eine Marketingpräsentation ist die Demonstration der Leistungsfähigkeit und der Kompetenz des Beraters.

Im Automobil-Zulieferer-Key-Account-Prozess mit einem Verkaufszyklus von mehreren Jahren wurden als Schlüsselaktivitäten häufig jene genannt, bei denen der Kunde eine Teilentscheidung hinsichtlich eines möglichen Anbieters trifft. Der Kunde entscheidet sich zum Beispiel für eine »Short List«. Das entscheidende ist hier, wie oft Sie auf der Short List bei den Kunden angeführt sind. Schlüsselaktivitäten sind auch in jenen Bereichen zu finden, in denen das Unternehmen investieren muss und zum Beispiel einen Prototypen für den Kunden baut.

Beim Direktverkäufer ist die Bedarfsanalyse mit dem Kunden häufig die Schlüsselaktivität. Ist der Kunde bereit, mit dem Direktverkäufer über seinen Bedarf zu sprechen, dann sind drei Viertel des Verkaufens bereits erledigt.

Wendepunkte ohne Aktivitäten

Bisher haben wir bei Schlüsselschlagzahlen immer von einer Aktivität gesprochen, aber es gibt im Verkaufsprozess auch Wendepunkte, hinter denen keine Aktivität steht. Nicht immer ist die entscheidende Schlüsselaktivität eine eigene Aktivität. Sie kann auch eine Größe sein, die erst »gefunden« oder »erfunden« werden muss, wie zum Beispiel eine »Projekttauglichkeit« oder eine »Business Opportunity«. Das heißt, Sie erkennen eine Chance beim Kunden und diese Chance ist keine echte Aktivität, sondern ein Ereignis. Sie ist nur ein Prozessschritt, ein Meilenstein, der erreicht wird. Beispiele von Chancen, die häufig dokumentiert werden, sind das Zählen von Geschäftsmöglichkeiten oder Projekteröffnungen. Wenn hinter der Schlüsselaktivität oder dem Schlüsselereignis keine eigentliche Aktivität steht, ist es zweckmäßig, eine Liste oder eine Übersicht der Schlüsselereignisse zu erstellen.

Wie viele Schlüsselaktivitäten benötigen Sie, um Ihre Ziele zu erreichen? Wie viele wollen Sie durchführen? Eine pro Woche, eine pro Tag? Für die meisten Verkäufer ist die Anzahl der Schlüsselaktivitäten überschaubar. Einige Verkäufer haben in etwa zwei Schlüsselaktivitäten pro Tag. In einigen Branchen sind auch vier bis sechs möglich. Am besten Sie führen eine Aufzeichnung über die Schlüsselaktivitäten auf Wochen- oder Tagesbasis.

Die falschen Aktivitäten vermeiden

Wir haben uns jetzt mit den wichtigsten der richtigen Aktivitäten befasst. Wer die Verkaufszeit von Verkäufern analysiert, wird erkennen, dass es auch falsche Tätigkeiten in der Verkaufszeit gibt. Wer seine Aktivitäten auf die falschen Themen konzentriert, wird bald erkennen, dass der Aufwand laufend steigt und der Erfolg dahinter bescheiden ist. Falsche Tätigkeiten sind häufig bequem, sie sind manchmal Zeitvertreib, manchmal schmeicheln sie einem. Doch falsche Aktivitäten rauben Ihnen die Zeit, die Sie für die richtigen Aktivitäten benötigen. Das Wissen, welche Aktivitäten in der Verkaufszeit weggelassen werden können, ist ein weiterer Erfolgsfaktor. Zu den wichtigsten gehören die Folgenden:

Scheinaktivitäten

Scheinaktivitäten sind Aktivitäten, die mit dem Verkaufen an Kunden nichts zu tun haben. Vor allem in großen Unternehmen ist es wichtig, dass sich Verkäufer auch intern im Unternehmen verkaufen. Diese Aktivitäten sind nach innen gerichtet, um eventuell an der eigenen Karriere zu arbeiten oder um einfach auf der Klaviatur des Unternehmens mitzuspielen. Das Problem ist hier, dass der Mitarbeiter im Verkauf nach Themen beurteilt wird, die für die Kunden und den Markt völlig irrelevant sind. Hier sind vor allem die Belohnungssysteme zu hinterfragen. Verkäufer sollen belohnt werden, wenn sie am Markt verkaufen und Ergebnisse erzielen, anstatt sich intern zu beweisen. Je kleiner das Unternehmen ist, umso weniger treten diese Scheinaktivitäten im Verkauf auf.

Es ist auch falsch, sich mit unwichtigen Aktivitäten zu beschäftigen. Wieso werden sie trotzdem gemacht? Die Konsequenzen sind geringer. Wenn bei unwichtigen Dingen ein Fehler auftritt, passiert weniger. Vielleicht ist es unangenehm, das Richtige zu bearbeiten und deswegen schieben wir all das Richtige auf die lange Bank. Vielleicht besteht auch die Angst, bei wichtigen Dingen zurückgewiesen zu werden oder zu scheitern.

Betreuen oder verkaufen

Wer verkauft, muss auch Kunden betreuen. Denn verkaufen ohne zu betreuen ist in vielen Bereichen unvorstellbar. Aber dennoch: Profis im Verkauf haben eine andere Verteilung von Verkaufs- und Betreuungsaktivitäten. Themen wie die Behandlung von Reklamationen und das intensive Betreuen der Kunden nehmen einen weit geringeren Platz in der Verteilung der Verkaufszeit von Profi-Verkäufern ein als bei Durchschnittsverkäufern.

Profi-Verkäufer verbringen mehr Zeit
mit Verkaufsaktivitäten
als mit Betreuungsaktivitäten!

Einige Verkäufer neigen dazu, sich vieler Themen anzunehmen, die nur indirekt verkaufsaktiv sind. Diese Themen sind nicht verkaufsfremd, sie haben einen Bezug zum Verkaufen, aber beim Bearbeiten dieser Themen wird nicht *mehr* verkauft. Diese Themen haben daher nicht die notwendige Verkaufsrelevanz. Relevanz bedeutet, die Schlüsselschlagzahlen dort auszuführen, wo die Möglichkeit auf ein neues Geschäft besteht oder ein bestehendes auszubauen.

Verkaufsadministration

Profi-Verkäufer haben eine Macht im Unternehmen. So kommt es sehr häufig vor, dass sie ihre Verkaufsleiter regelmäßig erpressen. Der Verkaufsleiter will eine neue Dokumentation von Kundenbesuchen einführen und die besten Verkäufer beginnen den Erpressungsversuch mit den Worten: »Wollen Sie lieber Umsatz oder eine neue Liste?«. In den meisten Fällen geht der Verkaufsleiter in die Knie. Der Umsatz ist ihm natürlich lieber. Ein immer wieder genanntes Thema ist unnötige Dokumentation. Zahllose Berichte, die niemals angesehen werden, erzeugen einen maßlosen Zeitbedarf für den Verkäufer. Hier die Grenze zu notwendiger Dokumentation zu ziehen, die in Zukunft auch für Sie als Verkäufer als auch fürs Unternehmen nützlich ist, ist zugegebenermaßen schwierig. Viele Verkäufer klagen aber, dass sie mehr als 30 Prozent ihrer Arbeitszeit für diese Tätigkeiten verwenden.

Kurzfristig aufs Richtige konzentrieren

Durch systematisch konzentriertes Arbeiten können viele Menschen, die kaum ein Talent für diese Art von Arbeit haben, vieles erreichen. Es spricht also einiges dafür, sich systematisch konzentrieren zu lernen. Die Logik dahinter ist: Wer sich als Verkäufer auf die richtige und wichtige Aufgabe konzentriert, hat wenig oder keine Zeit für die falschen Aktivitäten. Jede Form der Planung von Aktivitäten soll sich daher auf diese Schlüsselaktivitäten konzentrieren. Die beste Lösung besteht darin, alle beschriebenen Ansätze zu nutzen. Identifizieren Sie die richtige Aktivität, die für den Großteil Ihres Erfolgs verantwortlich ist. Um den Effekt auf die Produktivität bei den Schlüsselschlagzahlen auch zu nutzen, versuchen Sie die Schlüsselschlagzahlen zum Beispiel im nächsten Monat um 5 bis 10 Prozent zu erhöhen. Sie nehmen eine Bestandsaufnahme vor und setzen sich als Ziel, im nächsten Monat die Schlagzahlen zu erhöhen, ohne dabei die Arbeitszeit zu verlängern. Sie müssten bereits einen Effekt bemerken; entweder bei den Ergebnissen oder bei den weiteren Treibern in Ihrem Verkaufsprozess. Der erfolgreiche Verkäufer erhöht die Anzahl der Schlüsselaktivitäten bei seinen Kunden und weiß vor allem, *wie* sie zu erhöhen sind.

Auch bei den falschen Aktivitäten gibt es eine Logik. Sie sollen am Beginn des Tages oder der Zeiteinheit eliminiert und nicht als ungelöste Themen mitgeschleppt werden.

Und wenn es Dinge gibt, die Sie tun müssen, obwohl Sie wissen, dass sie falsch sind und für Ihren Erfolg am Markt völlig irrelevant sind, dann ist es sinnvoll, diese Tätigkeiten zu blocken und sich einmal in der Woche eine bestimmte Zeit vorzunehmen, diese Arbeiten auszuführen. Machen Sie sich nicht zum Sklaven der falschen Aktivitäten. Wenn es einen Tipp gibt, der für dieses Kapitel gilt, dann ist es die einfachste aller Lösungen. Sagen Sie »nein« zu jeder Art von falscher Aktivität.

Tipps von Profi-Verkäufern

1. Überlegen Sie sich die wichtigste Aktivität aus allen Ihren Verkaufstreibern.
2. Prüfen Sie, ob es in Ihrem Verkaufsprozess Wendepunkte gibt. Wenn Sie Daten oder Aufzeichnungen über Ihre Aktivitäten haben, ziehen Sie eine Korrelation zwischen den Aktivitäten und Ergebnissen.
3. Beschreiben Sie Ihre Schlüsselschlagzahl und stellen Sie ein Mengengerüst auf. Achten Sie auf Ihre Verkaufskapazität.
4. Planen Sie, die Anzahl der Schlüsselaktivitäten zu erhöhen.
5. Priorisieren Sie den Tagesplan und starten Sie mit den wichtigen Aktivitäten. Am Ende des Tages überlegen Sie, ob Sie mit dem Ergebnis zufrieden sind und wie viele Ihrer wichtigen und notwendigen Tätigkeiten Sie erledigt haben.
6. Schreiben Sie eine »Not-to-do-Liste«. Sagen Sie »nein« zu allem, was nicht in das Aufgabenprofil passt.
7. Lernen Sie, systematisch und konzentriert zu arbeiten und sich täglich auf die Schlüsselaktivitäten zu konzentrieren.

In den letzten beiden Kapiteln haben wir die Wirkung der Schlüsselaufgaben kennengelernt. Jetzt geht es darum, einen Plan für die Aktivitäten zu erstellen.

Kapitel 8

Der sechste Schlüssel: Die Reihenfolge festlegen

Vorgaben bewirken
eine leichtere Konzentration auf das Richtige;
mit dem Effekt,
dass wir für Unnötiges keine Zeit mehr haben.

Warum sind Sie Verkäufer geworden und nicht Controller? Weil Sie sich bewusst dafür entschieden haben, weil Sie es immer schon werden wollten oder weil Sie zufällig an diesen Job geraten sind? Beantworten Sie diese Frage spontan für sich selbst. Warum ich diese Frage stelle? Ganz einfach: In diesem Kapitel beschäftigen wir uns mit Vorgaben für Aktivitäten. Sich selbst vorzunehmen, was Sie tun wollen und zu kontrollieren, ob Sie es tatsächlich getan haben, ist ein wichtiger Bereich des eigenen persönlichen Verkaufscontrollings. Bei den meisten Verkäufern, mit denen ich über dieses Kapitel gesprochen habe, fühlte ich anfangs sehr viel Widerspruch und Gegenwehr zum Thema Planung der eigenen Aktivitäten. Aber nach einigen Nachfragen war klar, dass die Profis unter den Verkäufern alle ein persönliches Verkaufscontrolling haben. Zugegeben, es war nicht leicht, an diese Daten heranzukommen, da dieses Verkaufscontrolling nichts mit dem *Vertriebscontrolling*, das vielfach im Unternehmen eingesetzt wird, gemeinsam hat. Es waren häufig geheimnisvolle Formeln, die Verkäufer im Kopf hatten, und die alle dazu dienten, die eigenen Aktivitäten zu planen. Was auch stimmt, ist, dass die Ergebnisse dieser Planungen für viele Verkäufer ernüchternd sind, wenn sie erkennen, dass es eine gewaltige Arbeitslast ist, die sie abarbeiten müssen, um ihre Ziele zu erreichen.

Zwei Themen müssen in diesem Zusammenhang aufgearbeitet werden: Das *erste* ist der Umgang mit einer Arbeitslast und das *zweite* ist die Frage, wie Sie sich Ihre Aktivitätsziele setzen. Vielleicht hilft uns die nächste Geschichte, das *erste* Thema etwas aufzuarbeiten: Es gab einen König aus Korinth mit dem Namen Sisyphos, den die Götter wegen seiner Taten aus der Vergangenheit damit bestraft hatten, bis in alle Ewigkeit einen Felsbrocken einen Hang hinaufzuwälzen, der, sobald er oben angelangt war, wieder herunterrollte. Würde Sisyphos seine Aktivitäten planen müssen und in die Zukunft sehen, so würde er erkennen, dass ihm die Arbeit sicher niemals ausgehen wird. Was bringt ihm also diese Planung? Noch mehr Unglück? Doch langfristig betrachtet ist das Gegenteil der Fall. Nach der Folgerung die wir hier ziehen, müsste dieser Sisyphos ein glücklicher Mensch sein. Doch ausgerechnet in dieser Sinnlosigkeit soll die Erfüllung stecken? Laufend für immer mehr Kontakte sorgen und immer wieder von vorne beginnen? Glück als eine andauernde und immer wieder auszuführende und wiederholende Anstrengung? Ja, viele Anzeichen und Untersuchungen zeigen, dass gerade das permanente Kontaktieren und am Ball bleiben bei jungen, aber auch bei erfahrenen Verkäufern immer wieder zu neuen Möglichkeiten und Chancen führt. Was liegt näher, als diesen permanenten sich immer wiederholenden Vorgang als etwas Gutes zu begreifen.

Profi-Verkäufer machen Vorgaben,
um die eigene Kapazität zu optimieren!

Das *zweite* Thema ist, diese Arbeit zu planen und Planungsvorgaben zu erstellen. Am Ende dieses Kapitels sollten Sie in der Lage sein, Ihre Schlüsselaktivitäten und Treiber richtig zu planen. Das bedeutet, Ihnen soll klar sein, welche Aufgaben Sie laufend zu erledigen haben und in welcher Reihenfolge.

Die eigenen Regeln festlegen

Auf der ganzen Welt werden Unternehmen in Branchen unterteilt. So gibt es je nach Zählart zwischen hundert und zweihundert unterschiedliche Branchen. In jeder einzelnen Branche herrschen eigene Verkaufsregeln, die zu beachten sind. In jeder dieser Branchen gibt es Verkaufsregeln für große, mittlere und kleine Kunden. Und in jeder dieser Branchen gibt es unterschiedliche Verkaufsformen (beispielsweise direkt, indirekt oder elektronisch). Und zu guter Letzt funktioniert das Verkaufen in jeder Kultur dieser Welt etwas anders. Wenn Sie alle Eventualitäten miteinander multiplizieren, gibt es mindestens tausend Möglichkeiten, wie ein Verkäufer seine Aktivitäten planen kann. Das heißt, Sie müssen sich Ihren eigenen Zugang bestimmen, sich eigene Regeln zurechtlegen. Bevor Sie aber denken, das sei zu kompliziert, ersuche ich Sie, einen einfachen Test durchzuführen. Die tägliche Klarheit über Ihre Aktivitäten ist wesentlich – das ist der einfache Zweck und Nutzen dieses Kapitels.

Machen Sie den Gehalts-Einkommens-Aktivitätstest

Machen Sie einen einfachen Test, der zeigt, ob Sie Klarheit über Ihre Aktivitäten haben. Nehmen Sie Ihr Gehalt pro Monat, das Sie derzeit als Verkäufer verdienen, oder den von Ihnen generierten Umsatz als Unternehmer und dividieren Sie dieses Einkommen oder das Gehalt durch die Arbeitstage eines Monats, an denen Sie verkaufen. Merken Sie sich diese Zahl. Und nun die Testfrage: Wie viele Verkaufstreiber oder Schlüsselaktivitäten benötigen Sie, um ein Tagesgehalt oder einen Tagesumsatz zu verdienen? Wie viele benötigen Sie für ein Monatgehalt? Wenn Sie diese Frage für sich beantworten haben, wenden Sie sich der zweiten Frage zu: Welche Menge an Verkaufstreibern muss vorhanden sein, um Ihre Ziele zu erreichen? Wie viele Schlüsselaktivitäten benötigen Sie, um Ihr Gehalt auch in Zukunft zu erhalten? Wenn Sie diese Übung in nur drei Minuten schaffen, haben Sie Klarheit über Ihre Aktivitäten. Wenn nicht, dann empfehle ich Ihnen, dieses Thema zu bearbeiten.

Die sechs Aktivitätsvorgabe-Regeln

Im Folgenden werden Ihnen die sechs wichtigsten Regeln bei der Vorgabe von Aktivitäten für Verkäufer vorgestellt:

Geben Sie jeder Aktivität ein Zeitfenster

Die Gesetzte von Parkinson besagen, dass jede Aktivität genau mit einem Zeitraum und mit einem Aufwand zu bestimmen ist, sonst wird die Aktivität länger dauern und einen höheren Aufwand benötigen als tatsächlich notwendig ist. Aufwand und Zeitbedarf einer Aktivität müssen geplant werden und das, wenn möglich, sehr knapp. Wenn das nicht passiert, werden Aktivitäten hinausgezögert und viele Aufgaben unnötig in die Länge gezogen. Als Aktivitätsplanungszeitraum bestimmen die meisten Profis die Woche, gefolgt vom Tag als Planungshorizont. Planen Sie daher die Treiber und Schlüsselaktivitäten pro Woche und legen Sie Zeitfenster für jede einzelne Aktivität fest.

Setzen Sie eine Verkaufsformel ein

Wenn Sie Ihren Verkaufserfolg nicht in Schlüsselaktivitäten umrechnen können, gibt es einen von vielen Verkäufern vor allem bei Banken und Versicherungen praktizierten Ansatz: Das Erstellen einer Verkaufsformel. Eine Formel gibt in knapper Art und Weise die Art und das Ausmaß der Aktivitäten je nach Qualifikation des Verkäufers vor. Damit kennen Sie täglich oder wöchentlich das Aktivitätsprofil. Was bringt die Formel? Sie ist vor allem dazu da, in jeder Situation einen Überblick über die eigenen Aktivitäten zu haben. Dadurch wird eine Konzentration auf das Wesentliche erreicht. Von vielen wird dieses Thema als zu schematisch und standardisiert abgelehnt. Verkaufen ist zu individuell, als dass es in eine starre Formel gepresst werden kann. Daran ist sicher einiges richtig. Aber wenn in der Woche hundert Aktivitäten mit den Kunden durchgeführt werden, wenn Kunden von sich aus aktiv werden und anfragen, wenn eine Reihe von Berichten geschrieben werden muss und es bei einigen Kunden zu notwendigen Klärungen kommt, dann kann es sehr leicht passieren, dass man den Überblick verliert. Wer eine Formel einsetzt, behält den Überblick über seine Tätigkeiten.

Starten Sie jeden Tag mit den unangenehmen Aktivitäten

Ein weiterer Tipp, der die Reihenfolge von Tätigkeiten betrifft, stammt ursprünglich von Mark Twain und besagt: Wenn Sie jeden Morgen einen

Frosch essen, werden Sie wahrscheinlich den ganzen Tag nichts Unangenehmeres mehr vor sich haben. Alles Weitere erscheint Ihnen dann leichter. Viele Profi-Verkäufer befolgen den Rat: Aktivitäten, die den größten Schmerz verursachen, werden am Anfang des Tages eingeplant. Ein weiterer Einsatz der Regel ist es, den »Big Bang« am Beginn des Tages zu planen. Das sind vor allem große Entscheidungen bei Kunden, die Ihrerseits zu fällen sind. Egal, wie diese Entscheidung im Endeffekt ausfällt, sobald sie getroffen ist, belastet sie einen nicht mehr. Auch wichtige Preisgespräche sollen laut Profi-Verkäufern am Beginn des Tages geplant werden.

Beginnen Sie bei den großen Projekten und den wichtigen Kunden

Wenn Sie einen Kofferraum beladen möchten, dann kennen Sie den Effekt: Wer mit den kleinen Taschen beginnt, hat meist am Ende des Einpackens ein Problem. Ein großer Koffer passt dann nicht mehr hinein, wenn der Platz knapp ist. Wenn es einen Engpass bei der Ausführung von Aktivitäten gibt, dann ist es wichtig, mit den wertvollen und großen Projekten und Kunden zu starten. Vorrausetzung ist, dass Sie die Kunden nach Potenzialen sortiert und gereiht haben. Starten Sie täglich mit den großen Kunden, denn die Gefahr, dass Sie die großen Kunden vergessen, ist zu groß. Nicht das dringende ist wichtig, sondern der Kunde mit dem größten Potenzial.

Vermeiden Sie Multitasking

Vermeiden Sie möglichst jede Form von gleichzeitiger Behandlung von Schlüsselaktivitäten und Aufgaben: Wer sich zu einer bestimmten Zeit nur auf ein Thema konzentriert, arbeitet schneller und mit einem geringeren Aufwand. Ein guter Tipp eines Verkäufers: Schreiben Sie den Kundennamen, mit dem Sie sich gerade beschäftigen auf ein Blatt Papier und konzentrieren Sie sich ausschließlich auf diesen Kunden. Rufen Sie nicht in der Zwischenzeit andere Kunden an. Wenn Sie Akquisitionsgespräche über das Telefon führen, dann legen Sie zuerst Aufwand und Zeitraum fest. Danach konzentrieren Sie sich nur auf diese Akquisitionsgespräche.

Arbeiten Sie mit einer Verkäuferbilanz

In der Verkäuferbilanz stehen alle wichtigen Treiber- und Schlüsselaktivitäten in den unterschiedlichen Kundenkategorien, die Sie beim Kunden setzen. Eine Verkäuferbilanz ist so etwas wie eine Sales Pipeline oder ein Sales Funnel, in dem die idealen Werte zum Erreichen Ihrer Ziele stehen. Daraus können Sie erkennen, wie viele Treiber- und Schlüsselaktivitäten Sie benötigen, um ein bestimmtes Ergebnis zu erreichen. Wenn Sie diese Bilanz für eine Woche aufstellen, sehen Sie auf einen Blick, was diese Woche noch zu tun ist. Erstellen Sie eine Musterbilanz und haken Sie Erledigtes ab.

Tipps von Profi-Verkäufern

1. Definieren Sie, wie viele Aktivitäten Sie täglich tatsächlich ausführen können.
2. Überprüfen Sie nach einigen Tagen, ob es möglich ist, diese Aktivitäten auszuführen.
3. Erstellen Sie eine Formel aus Treibern und Schlüsselaktivitäten für eine optimale Aktivitätsvorgabe.
4. Erstellen Sie einen optimalen Tages- oder Wochenplan. Planen Sie dabei eine Schlüsselaktivität mehr ein.
5. Setzen Sie sich kurze Fristen zur Erledigung von Aufgaben.
6. Sammeln Sie notwendige, aber unwichtige Aufgaben, lassen Sie einige zusammenkommen und nehmen Sie sich dann einen Zeitraum vor, in dem Sie alle gemeinsam erledigen.

Wenn Sie den zweiten Schritt durchgeführt haben, sollten Sie Klarheit über Ihre Gesamtaktivitäten, über die für den Verkaufserfolg notwendigen und über Ihre wichtigsten Aktivitäten besitzen. Sie sollten in der Lage sein, die Aktivitäten zu klassifizieren und ihnen ihre Bedeutung zu geben. Dadurch haben sie folgende Vorteile: Der erste und wichtigste Vorteil ist die Konzentration auf die wesentlichen Aktivitäten. Zweitens: Das klare Wissen, was die wesentliche Aktivität ist, bringt Ordnung in die Vielfalt der Aktivitäten und ist die Voraussetzung für jede Form der Planung und Selbststeuerung.

Der dritte Faktor

Produktiver werden

Kundenproduktivität – Kundenprofitabilität – Kundenpotenzial

Produktive Verkäufer machen die notwendige Arbeit gerne.

Produktive Verkäufer können bis zu 100 mal produktiver sein als unproduktive Verkäufer!

Fleißige Verkäufer haben *sechsmal* so viele Kontakte mit Ihren Kunden und Interessenten wie wenig aktive. Produktive Verkäufer können bis zu *100 Mal* so produktiv sein wie ihre unproduktiven Kollegen. Warum? Weil es immer Kunden gibt, die zu einem bestimmten Zeitpunkt dreißig- bis vierzigmal so interessant sind wie andere Kunden. Diese Kunden haben aktuell einen großen Bedarf und sie wollen kaufen. Und wenn Sie nun genau wissen, wer diese Kunden sind, wann und wie Sie diese Kunden betreuen sollten, dann steigt Ihre Produktivität deutlich an. Sie verkaufen produktiv, wenn Sie mit dem gleichen Einsatz mehr in der gleichen Zeit verkaufen. Wenn Sie also *wichtige* und *interessante* Kunden betreuen, dann steigt bei gleichem Einsatz der von Ihnen geleistete Output – das ist die klassische Form einer Produktivitätssteigerung. Die Gründe, warum Kunden wichtig sind und plötzlich um ein vielfaches interessanter werden, können vielfältig sein: Ein Kunde hat hohen Bedarf für Ihre Produkte und Dienstleistungen, der Kunde bekommt ein Budget und einen Projektstart von seinem Vorstand genehmigt, der Kunde bekommt einen Großauftrag und verkauft mehr seiner eigenen Produkte und dadurch steigt auch der Bedarf an Ihren Produkten, der Kunde will aus persönlichen Gründen gerade jetzt kaufen. Es gibt noch unzählige andere Gründe. Bevor wir weitergehen, ist es wichtig zu verstehen, dass die Produktivität, von der wir hier sprechen, ganz anderen Gesetzen als der Fleiß gehorcht. So ist der Fleiß in der Regel immer durch unsere Arbeitsleistung bestimmt und damit technisch limitiert. Das maßgebliche Limit beim Fleiß ist Ihre eigene Arbeitszeit. Wir können in einer Zeiteinheit nur eine limitierte Anzahl von Treiber- und Schlüsselaktivitäten ausführen. So ist es nicht möglich, die eigene Zeit endlos auszuweiten. Das gleiche gilt für die Aktivitäten. Der Fleiß jedes Menschen hat also einen oberen Anschlagpunkt, eine klare Grenze nach oben. Aber die Produktivität, von der wir hier sprechen gehorcht anderen Gesetzen. Sie ist verglichen mit dem Fleiß nahezu grenzenlos.

Profi-Verkäufer konzentrieren sich auf Kunden,
die dreißig- bis vierzigmal so interessant sind wie andere.

Auf jeden Fall sind Sie, wenn Sie interessante, wichtige Kunden zum richtigen Zeitpunkt betreuen, um ein Vielfaches produktiver, als wenn Sie alle Kunden gleich behandeln und nicht segmentieren. Die zweite wichtige Unterscheidung zwischen Fleiß und Produktivität ist der zeitliche Aspekt. Den Fleiß können Sie ab morgen verändern. Das kann jeder Verkäufer im gleichen Ausmaß tun. Bei der Produktivität ist das nicht so. Wer fixe Kunden zugeteilt hat, oder wenn ein Unternehmer einen Markt aufbaut, können jeweils nur Teilbereiche der Produktivität verändert werden und Veränderungen in der Produktivität haben in der Regel eine lange Zeitspanne, bevor sie zu wirken beginnen. Wir haben bereits beim zweiten Faktor eine Form von Produktivität kennengelernt: die Produktivität bei der Auswahl Ihrer Aufgaben. Die Produktivität, von der wir hier sprechen, ist die Produktivität der Kunden. Diese entsteht, wenn Sie Kunden und Märkte sortieren, sich auf die richtigen konzentrieren und zuletzt auch gezielt betreuen.

Erzielen Sie Produktivitätsgewinne

Da bei Kunden und Märkten immer neue Chancen entstehen, ist es bei der Produktivität im Vergleich zum Fleiß immer einfacher, sie auch auszuweiten. Produktivität ist daher theoretisch nahezu grenzenlos. Das heißt aber nicht, dass Sie Produktivitätsgewinne einfach erzielen können. Es ist grundsätzlich möglich, die Produktivität stark zu erhöhen, zumindest, um einen höheren Wert als dies beim Fleiß möglich ist. Es erfordert aber in der Regel immer einen längeren Zeitraum. Und um ein weiteres Missverständnis aufzuklären: Für die meisten Verkäufer ist es subjektiv und auch kurzfristig leichter, die Aktivitäten zu erhöhen als die Produktivität zu steigern. Der Prozess einer Produktivitätssteigerung dauert um einiges länger als der Prozess des Erhöhens des Aktivitätsniveaus von Treibern und Schlüsselaktivitäten. Mit anderen Worten: Sie können morgen Ihre Aktivitäten steigern und haben dann innerhalb von kurzer Zeit Ergebnisse. Wenn Sie jedoch die Produktivität steigern wollen, dauert es zumindest einige Monate, bis Sie Ihre Produktivitätsgewinne anhand von konkreten Ergebnissen sehen können.

Produktivität steht niemals am Anfang der persönlichen Entwicklung als Verkäufer. Produktivitätsgewinne können nur von dem erkannt werden, der seine Kunden und seine Märkte gut kennt. Um produktiv zu werden, benötigt man die Kenntnis der Kunden und Märkte und die haben Sie wiederum nur dann, wenn Sie viele Aktivitäten setzen. Damit wird klar, dass dieser Weg der logische nächste Schritt nach einer Verbreiterung und der Auswahl der richtigen Aktivitäten ist. Produktivität bedeutet hier also, die richtige Aktivität beim richtigen Kunden zur richtigen Zeit zu setzen. Die Grundaussage des dritten Faktors ist: Kein Verkäufer soll seine Zeit bei falschen Kunden verbringen!

Der wichtige, wertvolle und interessante Kunde

Es gibt immer Kunden, die in einem Zeitfenster bis zu *dreißig- bis vierzigmal* interessanter sind als andere Kunden. Wir werden dabei drei Ansatzpunkte kennenlernen. Der *erste* Ansatzpunkt konzentriert sich auf das Ausschöpfen der Potenziale Ihrer Kunden. Es ist für Sie immer wichtig, die Potenziale Ihrer Kunden zu kennen, egal ob sie Stammkunden sind oder es sich um neue Kunden handelt. Der *zweite* Ansatzpunkt konzentriert sich auf die Produktivität in der Betreuung eines Kunden. Das ist der Aufwand, den Sie in die Kundenbetreuung investieren. Produktiv ist eine Kundenbeziehung dann, wenn Ihr Aufwand gering ist. Eine Kundenbeziehung ist produktiv, wenn das Verhältnis zwischen dem, was Sie einsetzen und dem, was Sie vom Kunden erhalten, stimmt. Der *dritte* Ansatzpunkt betrifft die Profitabilität der Kunden, also wenn am Ende des Tages ein Ertrag, ein Profit oder ein Gewinn aus der Kundenbeziehung erzielt wird. Hier geht es vor allem darum, die profitablen zuerst einmal zu erkennen und danach besonders gut zu betreuen und im Anschluss den Anteil der profitablen Kunden im gesamten Kundenportfolio zu erhöhen. Es kann auch sein, dass es nicht-profitable Kunden gibt, die auch sonst keinen weiteren Nutzen stiften. Dann geht es um die Frage, ob Sie diese Kunden überhaupt weiterbetreuen sollten oder nicht.

Wenn Sie alle drei Ansatzpunkte – die Potenziale, die Kundenproduktivität und die Profitabilität – in Ihrer Kundenbetreuung und Kundenpflege berücksichtigen, können Sie produktiver werden und weit mehr erreichen als Sie durch ein weiteres Steigern von Aktivitäten jemals erreichen können. Produktivität hat so wie Fantasie und Kreativität keine Grenzen und während Aktivität vor allem durch unsere Arbeitszeit limitiert ist, gibt es bei der Produktivität in den meisten Branchen diese Limits nicht. Produktivität muss daher langfristiger betrachtet werden als das Thema der Erhöhung der Aktivitäten. Es ist leichter kurzfristig, also bereits morgen, die Aktivitäten zu erhöhen als morgen sprungartig produktiver zu werden.

Wenden wir uns nun der Frage zu, welche Regeln produktive Menschen befolgen.

Die vier Regeln produktiver Verkäufer

Produktive Menschen fallen in ihrer Arbeitsweise auf, da sie eigene Methoden und Vorgangsweisen haben, um ihre Arbeiten und Aufgaben zu erledigen. Sie befolgen dabei folgende Regeln:

Ein Schritt nach dem anderen

Produktive Menschen befolgen zum Beispiel immer eine eigene Reihenfolge in der Erledigung ihrer Aufgaben und sie befolgen diese Reihenfolge sehr konsequent. Sie bearbeiten einen Schritt nach dem anderen, sehr bewusst und konsequent. Das ist auch das, was wir als Außenstehende an ihnen erkennen. Es ist von außen gesehen ein sehr geplantes, berechnendes, abschätzendes und kalkuliertes Arbeiten. Es werden zunächst alle Aktivitäten nach bestimmten Kriterien bewertet, gereiht und danach erst in der richtigen Reihenfolge abgearbeitet. Wenn kein Potenzial vorhanden ist, ist es nicht sinnvoll, sich weiter auf den Kunden zu konzentrieren. Auch wenn der Aufwand in der Kundenbetreuung zu hoch ist, ist es besser, wenn Sie sich einem anderen Kunden zuwenden.

Den Überblick behalten

Ein produktiver Mensch schafft sich zunächst einmal einen Überblick, bevor eine Arbeit oder Aufgabe begonnen wird. Nachdem ein Überblick vorhanden ist und die Aufgaben und die Tätigkeiten gereiht und sortiert sind, bekommt jede Tätigkeit einen Wert zugewiesen. Es wird niemals einfach so drauflos gearbeitet. Durch diesen Überblick ergeben sich bereits die ersten Anhaltspunkte für produktives Arbeiten.

Laufendes Sortieren und Reihen der Kunden

Die wichtigste Methode, die Sie im dritten Faktor kennenlernen werden, ist das Sortieren und Reihen Ihrer Kunden. Erst durch das Sortieren und Reihen werden Verteilungen und Unterschiede bei den Kunden bekannt. Diese Verteilungen haben im Vertrieb meistens eine Schieflage, das heißt: Es gibt immer einige wenige Kunden mit viel Potenzial. Es gibt immer einige wenige Kunden, die mit wenig Aufwand betreut werden können und es gibt immer einige wenige Kunden, die profitabler sind als andere. Wer diese drei Gruppen durch laufendes Sortieren und Reihen kennt und dann auch noch in der Folge besser betreut, der begeht nicht den Grundfehler unproduktiver Verkäufer, und wird niemals Zeit mit unwichtigen Kunden verschwenden.

Produktive Verkäufer machen das, was viel bringt

Produktive Menschen arbeiten nur in Bereichen, die notwendig und zielführend sind. Sie verschwenden keine Zeit mit unwichtigen und unproduktiven Arbeiten. Und das wird laufend und konsequent verfolgt. Egal in welcher Situation sie gerade sind, ungeachtet von äußeren Einflussfaktoren, wie mühsam oder wie unangenehm die nächste Aufgabe auch ist. Produktivität ist ein wichtiges Element der Professionalität, weil sie uns die Reihenfolge und die Struktur in der Bearbeitung von Aufgaben anzeigt. Produktiv sein bedeutet, seine Ziele mit geringem Aufwand zu erreichen und niemals Arbeit um ihrer selbst willen zu tun. Produktives Arbeiten ist der Gegenpol zu einer Beschäftigungstherapie.

Produktive Menschen erledigen das Notwendige gerne

Produktivsein ist eine Lebenseinstellung und geht damit weiter als nur produktiv zu arbeiten. Produktiv zu sein hat daher nur teilweise mit reiner Arbeitstechnik zu tun. Produktive Verkäufer erkennt man daran, dass sie Dinge zur richtigen Zeit tun, die wichtig sind, ungeachtet dessen, ob sie nun angenehm sind oder nicht. Ihre Motivation ist die Produktivität und dabei müssen Aufgaben in einer Reihenfolge erledigt werden, unabhängig davon, ob einem die Aufgabe liegt oder nicht. Beruf und Privatleben sind bei vielen Unternehmern und Verkäufern schwer auseinander zu halten. Daher ist es immer von Vorteil, wenn Sie sowohl beruflich als auch privat produktiv sind. Erstens sind produktive Menschen sparsamer mit menschlichen Ressourcen wie zum Beispiel dem eigenen Zeiteinsatz. Das führt dazu, dass in der Arbeit produktiver gearbeitet wird. Damit spart man viele unnötige Stunden Arbeitszeit. Auf der privaten Seite gehen produktive Menschen sehr bewusst mit sozialen Kontakten und mit der Freizeit um, sodass sie entspannter im Beruf sein können. Das genaue Gegenteil eines produktiven Menschen ist der Verschwender. Wer als Mensch beruflich und auch privat produktiv ist, lernt sehr rasch den Umgang mit den wichtigsten Ressourcen zu beherrschen. Er versucht das Beste aus der jeweiligen Situation herauszuholen. Privat lernt man den Umgang mit persönlichen Ressourcen (Freunde, Familie, eigene Entwicklung, Gesundheit und Finanzen) als wichtige Teilbereiche des Lebens gut zu behandeln. Es bedeutet immer, dass das Beste aus den wichtigsten Bereichen des Lebens sorgfältig behandelt und beim Erreichen der Ziele nichts verschwendet wird. Produktivität hat nichts mit geheimnisvollen esoterischen und religiösen Vorstellungen zu tun, sondern ist ein Prinzip, das es den Menschen erlaubt, nach ihren Vorstellungen zu leben. Die Motivation für dieses Verhalten ist schlicht und einfach, das gerne zu machen, was gerade in dem Moment erledigt werden muss.

Produktivität als Wert für die Gesellschaft

Produktivität ernährt Menschen und bringt Wohlstand. Viele der Probleme in dieser Welt könnten gelöst werden, gäbe es eine höhere

Produktivität. Die Produktivität der Arbeitsleistung beeinflusst die Produktivität der Staaten. Alle großen Kulturen dieser Welt waren auf irgendeine Weise produktiv, sonst hätte es niemals Hochkulturen gegeben. Erst die Produktivität und die mit ihr verbundene Arbeitsteilung haben die Voraussetzungen zur Entwicklung der Kulturen der Menschheit geschaffen. Wir leben in einer nach heutigen Maßstäben sehr produktiven Welt. Moderne Fertigungsmethoden haben in den letzten 150 Jahren die Kosten pro Output dramatisch sinken lassen. Es ist naiv zu glauben, unseren Lebensstandard mit einem niedrigen Produktivitätsniveau halten zu können. Das ist nur in einer unentwickelten Welt möglich. Unser Gesellschaftssystem würde zusammenstürzen, wenn unsere Produktivität sinkt. Wir spüren den ständigen Zwang zur Produktivität durch die Scheren des Preisverfalls und der Kostensteigerung. Wir spüren die Zeitknappheit und den Druck. Und wir spüren das Unbehagen, die höheren Anforderungen in der Zukunft erfüllen zu können. Das ist einer der wesentlichen Gründe, warum wir uns mit dem Thema beschäftigen. Grundsätzlich ist jeder, der verkauft, mit dem Thema Produktivität konfrontiert: Vom Ein-Personen-Unternehmen bis zum Gewerbebetrieb, Tischler, Bauunternehmer, Dachdecker; vom Filialmitarbeiter einer Bank oder Versicherungsunternehmen bis zum Investmentbanker; vom Autoverkäufer, Pharmaverkäufer, Klinikreferenten, technischen Verkäufer bis zum Business Developer; vom Projektverkäufer, Leiter einer Werbeagentur, Consulter, Objektverkäufer, Händlerbetreuer, Verkäufer im Bau, im Gewerbe und im Investitionsgütervertrieb bis zum Arbeitssuchenden.

Warum also produktiver werden? Das ist einfach erklärt. Auf der Mikroebene wollen wir auch noch in den nächsten Jahren unser Einkommen und unsere Gehälter bekommen. Auf der Makroebene gibt es den Zwang zu einer immer höheren Produktivität, sodass es der Wirtschaft gut geht. Die Spirale, immer produktiver werden zu müssen, wird noch verstärkt durch den Umstand, dass die Preise, je länger ein Produkt auf dem Markt ist, tendenziell sinken und noch mehr verkauft werden muss, um diesen Preisverfall abzufedern. Aus Analysen wissen wir, dass zumindest in den letzten 20 Jahren die Produktivität der Verkäufer ständig gestiegen ist und wahrscheinlich auch in Zukunft steigen wird. Vor allem in den Technologiebranchen ist diese Steigerung überdurchschnittlich ausgefallen. Kein Experte würde je das Ende der Produktivität postulieren, aber dennoch gibt es häufig Zweifel, ob es denn immer so weitergehen müsse. Meine Meinung dazu ist: Wenn sich die Menschen weiterentwickeln, wird auch die Produktivität immer steigen müssen.

Kapitel 9

Der siebte Schlüssel: Das Kundenpotenzial ausschöpfen

Wer die besseren Kunden anspricht und betreut oder wer zur richtigen Zeit seine Kunden anspricht, hat einen Hebel in der Hand, der mit reiner Arbeitsleistung *niemals* erreicht werden kann. Der entscheidende Hebel zu mehr Produktivität ist schlicht und einfach der *bessere* Kunde. Wir setzen unsere Energie sinnvoller ein, wenn wir die Kunden, die zu einem gewissen Zeitpunkt interessanter sind oder Kunden mit den großen Potenzialen einfach intensiver und besser betreuen. Wer über längere Zeit die gleichen Kunden betreut, dem wird die folgende Begebenheit bekannt sein: Es gibt Kunden mit hohen und niedrigeren Potenzialen für neue Geschäfte. Es gibt Kunden, bei denen es schlicht unmöglich ist, mehr zu verkaufen. Auf der anderen Seite gibt es Kunden, bei denen es zumindest möglich ist, mehr zu verkaufen. Und es ist nur allzu logisch, die Kunden, bei denen Sie weit mehr verkaufen können, auch intensiver zu betreuen. Wie gesagt, das klingt einfach und ist logisch, aber nicht psychologisch und entspricht auch meistens nicht der Realität. In der Realität sehen wir ein anderes Muster. Kunden die »schwierig« sind und bei denen der Mitbewerb stark ist, werden meist unterbetreut. Alle Kunden, die sehr angenehm sind, werden besonders häufig betreut, ungeachtet ihrer Größe und Wichtigkeit. Dieses Muster wird meist nicht bewusst angestrebt, es ist aber häufig das Ergebnis aus langfristigen Kundenbeziehungen. Der Betreuungsaufwand für und die Potenziale von Kunden liegen häufig weit auseinander. Das heißt, dass viele Kunden mit wenig Potenzial eine Bedeutung und damit eine Betreuung genießen, die ihnen auf Grund des objektiven Potenzials gar nicht zusteht. Auf der anderen Seite gibt es Kunden mit einem hohen Potenzial, die häufig nur sparsam und in vielen Fällen absolut unterbetreut werden. Das gleiche gilt auch für neue Kunden. Auch hier lassen sich Kunden mit unterschiedlichen Potenzialen akquirieren.

Reihen und sortieren Sie Ihre Kunden

Nur wenige Kunden haben zu jeder Zeit, in der sie betreut werden, immer das gleich hohe Potenzial für die Ausweitung von bestehendem oder für das Entwickeln von neuem Geschäft. In der Statistik spricht man von schiefen Verteilungen. Das heißt, es gibt immer einige wenige Kunden, die ein hohes Potenzial aufweisen und viele andere, die wenig Potenzial haben. Schiefe Verteilungen sind einer der wichtigsten Schlüssel zum produktiven Verkaufen. Meist sind es nur eine Handvoll Kunden, die in einem Zeitfenster um dreißig- bis vierzigmal interessanter sind als alle anderen. Es ist daher nur logisch, die Kunden anders zu betreuen. Das ist aber in der Realität häufig nicht so. Es ist ein Phänomen, dass in den meisten Fällen die Kundenbetreuung in keiner Relation zu den tatsächlichen Potenzialen der Kunden steht.

Der Potenzialtest

Machen Sie einen kleinen Test: Schreiben Sie die Kunden, bei denen Sie sehr hohe Potenziale vermuten, auf eine Liste und reihen Sie die Kunden. Dann überlegen Sie sich den Betreuungsaufwand, den Sie in der Vergangenheit für diese Kunden aufgewendet haben und schreiben diesen auf eine andere Liste. Ist dieses Reihungsmuster auf der ersten Liste mit dem Reihungsmuster auf der zweiten Liste gleich, dann ist der Betreuungsaufwand, den Sie für Ihre Kunden investieren, annähernd gleich mit den Kundenpotenzialen. Wenn das so ist, dann berücksichtigen Sie bereits die Potenziale bei der Kundenbetreuung. Wenn dem nicht so ist, dann ist es wichtig, sie zukünftig zu berücksichtigen, wenn Sie produktiv verkaufen wollen.

Bei dieser Übung passiert in der Regel folgendes: Die meisten Verkäufer haben »auf den Kopf gestellte Listen«. Das heißt, dass der Betreuungsaufwand in keinem Verhältnis zum Potenzial des Kunden steht. Im Gegenteil, in der Praxis ist ein wesentlich schlechteres Bild vorhanden. Häufig entfällt ein Drittel der gesamten Kontakte auf wenige interessante Kunden. Das Phänomen der Betreuung von potenzialschwachen Kunden hat vielfältige Ursachen und ist vordergründig unlogisch. Es beginnt meistens mit einer kleinen Über- und Unterbetreuung von Kunden, die sich aber – wenn nicht rechtzeitig eingegriffen wird – zu einem gewaltigen Produktivitätsverlust in einer gewissen Zeit entwickeln kann. Wird hier in der Betreuung der Kunden das Potenzial berücksichtigt, können brachliegende Potenziale besser genutzt werden.

Erreichbare Potenziale ausschöpfen

Wenn Sie Ihre Kunden nach Potenzialen reihen, kann es vorkommen, dass vor allem die Kunden mit den größten Potenzialen von allen anderen Wettbewerbern besonders intensiv umworben werden. Auch der Mitbewerber kennt die besten Kunden. Das gilt auch für viele Referenzkunden mit klingenden Namen. Dann ist der Aufwand, diese Kunden zu umwerben, zu akquirieren und zu betreuen, besonders groß. Auf der anderen Seite kann es auch vorkommen, dass es potenzialstarke Kunden gibt, die für Sie quasi unerreichbar sind. Die *Unerreichbaren* haben ausgezeichnete Kontakte zum Wettbewerber oder der Wettbewerber ist mit dem Kunden mit Kapital, sonstigen Beteiligungen, persönlich oder familiär verflochten. Dann kann der Fall eintreten, dass es besser ist, trotz vorhandener Potenziale sein Glück bei anderen Kunden zu versuchen. Daher ist es immer besser, wenn Sie sich auf die für Sie erreichbaren Potenziale bei Ihren Kunden konzentrieren. Ein erreichbares Potenzial ist das wahre und echte Kundenpotenzial, an dem Sie sich orientieren können.

Die Klassiker

Wer von meinen Kunden hat Potenzial? Wer benötigt die meisten Produkte und Dienstleistungen? Um diese Fragen zu beantworten, gibt es Klassiker bei den Sortierkriterien. Der Klassiker der Potenzialbestimmung ist das vorhandene, aber von Ihnen noch nicht ausreichend ausgeschöpfte Potenzial. Das ist die Differenz zwischen dem, was Sie derzeit bei einem Kunden verkaufen und dem, was Sie in Zukunft verkaufen könnten. Dieses Potenzial können Umsätze, Produkte, Kilogramm, Stück, Hektoliter, Flaschen und dergleichen sein. Bei Neukunden ist der wichtigste Faktor für das Potenzial das erwartete Einkaufsvolumen für Ihre Produkte und Dienstleistungen. Also, was *könnte* ein neuer Kunde von Ihnen kaufen? Der zweitwichtigste Wert zur Potenzialsortierung ist das Wachstum der Kunden.

Kunden, die in Zukunft mehr wachsen, sind interessanter als Kunden, die schrumpfen. Neben den klassischen Sortierungskriterien sind auch noch einige andere interessante Potenzialermittlungen vorhanden, die im Folgenden angeführt sind.

Gehen Sie dorthin, wo Sie ein Gott sind

David Reid, ein amerikanischer Professor für Sales, überraschte alle Teilnehmer auf einer Sales Conference in Athen mit der Aussage, dass er mit seinem Consulting-Unternehmen nur Kunden betreut, wo er als Berater ein Gott ist. Der Grund ist einleuchtend. Es können bessere Preise erzielt werden und es steigen die Arbeitszufriedenheit und das Engagement des Beraters. Für alle Seiten ergeben sich damit nur Vorteile. Zugegeben, nicht jeder kann diese Theorie auf sein Arbeitsumfeld anwenden, aber es gibt viele Bereiche, in denen diese Aussage seine Gültigkeit hat. Arbeit mit den Kunden muss Spaß machen. Und die Bemühkosten bei den Kunden sind gering zu halten.

Könige und andere Kunden

Segmentieren Sie Ihre Kunden nach »Königen«, denen Sie treu ergeben sind, und anderen Kunden. Potenzial haben die loyalen Kunden. Kunden, bei denen Sie nicht zum engen Kreis der bevorzugten Lieferanten gehören, haben damit kein oder nur wenig Potenzial. Verzahnen Sie bei Ihren besten Kunden die Beziehungen zwischen Ihnen und den Unternehmen und helfen Sie Ihren Kunden, wo immer es geht und vor allem auch dann, wenn diese das nicht von Ihnen erwarten.

Nettigkeitsgrad

Ein weiterer einfacher Weg, seine Kunden zu segmentieren ist, die Kunden in »Nettigkeitsgrade« einzuteilen. Daher erstellen Sie eine Liste mit einem Ranking der »Nettigkeit«. Potenzial hat also nur der Kunde, der auch nett ist. Und gleichzeitig tragen Sie in die Liste den Umsatz oder den Deckungsbeitrag ein, den Sie mit dem Kunden erzielen und dann ordnen Sie die Liste neu: nach Kunden, die nett sind und mit denen Sie gute Ergebnisse erzielen bis zu jenen Kunden, die nicht nett sind und mit denen Sie kaum Ergebnisse erzielen oder bei denen kaum Potenzial vorhanden ist.

Die Freude an der Arbeit steigt gewaltig, wenn Sie sich auf die Top-Kunden in der Liste konzentrieren und versuchen, diese auszubauen. Den Rest der Liste können Sie einfach streichen. Diese Form der Potenzialsegmentierung wird von vielen Freiberuflern wie Beratern, Trainern, Coaches, Gewerbetreibenden und Kleinunternehmen und teilweise auch von Mittelunternehmen praktiziert.

Betreuungsstandards festlegen

Durch das Reihen und Sortieren von Kunden entstehen Muster. Hinter diesen Mustern liegt der Schlüssel, der zeigt, wie ein Kunde richtig zu betreuen ist. Wenn eine Gruppe von Kunden das gleiche Muster hat, können Sie für diese Gruppe überlegen, mit welcher Strategie sie zu betreuen ist. Entwickeln Sie eine Betreuungsstrategie für alle Kunden mit dem gleichen Muster. Betreuungsstrategien legen fest, wie Sie Ihre Kunden in einem bestimmten Zeitraum betreuen wollen, wie oft Sie den Kunden kontaktieren und über welche Themen mit dem Kunden gesprochen wird.

Ungleich behandeln

Wenn Sie Ihre Kunden nun nach den für Sie richtigen Kriterien sortiert und gereiht haben, können Sie den Kundengruppen Kategorien zuordnen. Beispiele für solche Kategorien sind: *Zielkunden*, *Wunschkunden*, *Entwicklungskunden*, *Top-Kunden*, *Standardkunden*, *Kleinkunden*, *Neukunden* und *nicht persönlich betreuungswürdige* Kunden. Damit haben Sie die Möglichkeit, unterschiedliche Betreuungsstrategien für jede einzelne Kundenkategorie festzulegen. Durch diese Betreuungsstrategien legen Sie automatisch den Fokus Ihrer Aktivitäten auf die richtigen Kunden und behandeln Kunden ungleich. Beschreiben Sie für jede der Kategorien einen Betreuungsstandard, in dem die Kontakte, die Treiber und auch die Schlüsselaktivitäten festgelegt werden. Damit können Sie planen, wie die Betreuung der Kunden für einen bestimmten Zeitraum aussehen soll. Ihr Limit ist Ihre Arbeitszeit und die Möglichkeit, diese Kontakte bei Kunden tatsächlich zu machen. Ein Beispiel: Ein Verkäufer hat 65 Kunden, von denen fünf Top-Kunden sind. Das können zum Beispiel Kunden mit einem hohen Potenzial und einem jährlichen Umsatz von 50 000 Euro sein. Der Verkäufer hat außerdem 20 Entwicklungskunden, die zwar ein hohes Potenzial haben, die aber nur einen Umsatz von 5 000 Euro bringen. Der Verkäufer weiß, dass er nicht alle dieser Entwicklungskunden durch seine Betreuung auf die 50 000 Euro entwickeln kann. Aber in einem Zeitraum von einem halben Jahr macht er zwei seiner Entwicklungskunden zu Top-Kunden. Er verbessert dadurch seinen Umsatz um 90 000 Euro. Je weiter diese Zahlen auseinander liegen, desto größer ist die Möglichkeit, die Produktivität zu steigern.

Einzelkundenstrategie

Wenn Sie nur wenige Kunden haben oder einige wenige, die besonders große Kunden sind, dann ist es sinnvoll, eine Einzelkundenstrategie für jeden dieser Kunden zu erstellen. Dabei wird quasi ein eigenes Betreuungs- und Verkaufskonzept für jeden Kunden erstellt.

Limitieren Sie Kunden

Ein von Verkäufern immer vorgebrachtes Beispiel ist das Limitieren von Kunden als Strategie zur Verbesserung der Ergebnisse. So haben viele Verkäufer berichtet, dass sie bessere Ergebnisse erzielen,wenn sie die Anzahl der Kunden, die sie betreuen, verringern. Limitieren Sie Ihre Top-Kunden auf die wichtigen und verbessern Sie bei diesen die Betreuung. Kunden, die einen hohen Betreuungsstandard genießen, sind nicht endlos auszuweiten. Daher ist es sinnvoll diese zu limitieren.

Legen Sie Betreuungsstandards fest

Ein Betreuungsstandard zeigt Ihnen, wie Sie Ihre Kunden in einer bestimmten Zeiteinheit betreuen wollen. Dabei legen Sie ausgehend von Ihrer aktuellen Kundensituation fest, welchem Kunden Sie welchen Betreuungsstandard zuweisen. Im Betreuungsstandard ist die Anzahl und Art der Kontakte beschrieben.

Kundenbilanz verbessern

Das Wesen einer Kundenbilanz ist einfach erklärt: Sie sehen sich am Anfang und am Ende des Jahres Ihre Kunden an und betrachten, was sich verändert hat. Dabei analysieren Sie die Anzahl, die Struktur, die erzielten Umsätze, den Deckungsbeitrag und vergleichen diese Zahlen, Daten und Fakten zwischen Anfang und Ende des Jahres. Wie haben sich dabei Ihre Kunden verändert? Welche und wie viele sind neu dazugekommen und welche sind weggefallen? Wie haben Ihre Kundenbetreuung und Ihre gesamten Aktivitäten, die Sie das ganze Jahr gesetzt haben, gewirkt? Sind die Umsätze gestiegen und sind dabei die Kunden mehr oder weniger geworden? Sind die Umsätze gefallen und die Kunden dabei mehr oder weniger geworden? Entspricht die Kundenbilanz dem Bild, das Sie von Ihren Kunden haben?

Eine Kundenbasis soll sich laufend verbessern. Verbessern bedeutet, Strukturen zu schaffen, die es Ihnen erlauben, langfristig und nachhaltig die Kundenbasis zu entwickeln. Eine Kundenbilanz sieht natürlich anders aus, wenn Sie einen oder einige wenige Kunden haben als wenn Sie viele Kunden haben. Aber die Grundaussage ist immer die gleiche: Die Bilanz sollte am Ende des Jahres besser als zu Beginn aussehen. Wie können Sie als Verkäufer Ihre Kundenbilanz verbessern? Welche Maßnahmen können Sie setzen?

Mehr Chancen pro Kunde erarbeiten

Wenn Sie einen oder nur wenige Kunden haben, dann ist die Kundenbilanz der Vergleich zwischen dem, was Sie bisher für den Kunden getan haben, und den Geschäften, die Sie in Zukunft beim Kunden realisieren wollen.

Wie viele neue Chancen konnten Sie bei Ihren Kunden entdecken, wie viele Projekte umsetzen? Die wichtigste Frage, die Sie sich beantworten können, ist: Gibt es genügend Potenzial für die Zukunft?

Drehen Sie Ihre Kunden

Bei vielen Kunden ist es sinnvoll, die Kunden zu Betreuungskategorien zusammenzufassen. Den Erfolg in der Bilanz sehen Sie darin, wenn sich Kunden von einer schlechteren Kategorie in eine bessere Kategorie verändern. Stellen Sie sich am Ende des Jahres die Frage, wie viele Kunden Sie in eine für Sie bessere Kategorie mit einer höheren Potenzialausschöpfung entwickeln könnten. Aber stellen Sie sich auch die Frage: Wie viele Ihrer Kunden sind in eine schlechtere Kategorie abgerutscht? Und: Bei welchen Kunden hat sich nichts verändert? Wenn Sie diese Klarheit über Ihre Kunden haben, beginnen Sie die Betreuung der Kunden zu verändern, also zu drehen. Investieren Sie in der nächsten Zeit einen größeren Teil Ihrer Betreuungszeit in die potenzialstarken Kunden und reduzieren Sie Betreuungszeit bei den weniger potenzialstarken.

Setzen Sie sich klare Kundenziele

Nehmen Sie sich einmal im Jahr die Zeit, neben den üblichen Zielen auch Kundenziele zu setzen. Diese Ziele sollen sowohl die Anzahl als auch die Zusammensetzung der Kunden berücksichtigen. Welche Kunden wollen Sie am Ende des Jahres haben? Welche Kunden wollen Sie in drei Jahren oder in zehn Jahren haben? Neben Struktur und Anzahl ist es auch sinnvoll, die Entwicklung der Kategorien mit Zielen zu versehen. Also wie viele Ihrer Entwicklungskunden wollen Sie in die Kategorie der Top-Kunden entwickeln? Sie sollten für jede Kundengruppe klare Vorstellungen haben, wie sich diese entwickeln sollte.

Beobachten Sie den Kundenfluss

Der durchschnittliche Verkäufer betreut einen Stammkunden etwa sieben Jahre lang. In diesem Durchschnitt sind auch Verkäufer enthalten, die an einen Kunden in der Regel nur ein einziges Mal verkaufen, wie zum Beispiel viele Projektverkäufer. Und auf der anderen Seite gibt es Verkäufer, die nur einen Kunden über viele Jahrzehnte betreuen. Die Streuung ist hier sehr groß. Die Kunden kommen und gehen und in Ihrer eigenen Kundenbilanz sollte das Verhältnis zwischen kommenden und gehenden Kunden zumindest ausgeglichen, wenn nicht sogar positiv sein. Daneben ist es auch wichtig zu wissen, welche Kunden gerade gehen und welche Sie zum Beispiel innerhalb eines Jahres dazu gewonnen haben. Der Kundenfluss dient Ihnen als Kontrolle und gibt Ihnen einen Überblick über Ihre Kunden. Damit haben Sie ein Instrument, mit dem Sie Ihre Kundenziele überprüfen können. Je mehr Kunden Sie haben und je besser die Struktur Ihrer Kunden ist, umso produktiver werden Sie verkaufen.

Auslöser für Wanderungen der Kunden erkennen

Beobachten Sie, durch welche Maßnahmen sich Kunden von einer Gruppe zur anderen bewegen. Vielleicht sind es verschiedene Produkte oder Dienstleistungen, die Kunden von einer potenzialschwachen in eine potenzialstärkere Gruppe bewegen. Vielleicht sind es aber auch neue Produkte, Dienstleistungen oder neue Themen und Verkaufszugänge, die Kunden veranlassen, in eine potenzialstärkere Gruppe zu kommen. Welche Maßnahmen haben Sie gesetzt, damit Kunden diesen Schritt gehen? Können diese Ansatzpunkte auch auf andere Kunden umgelegt werden? Achten Sie auf diese »Sales Trigger«. Sie zeigen Ihnen, warum sich der Kunde bewegt hat. Wenn Sie das erkannt haben, können Sie versuchen, diesen »Trigger« auch bei anderen Kunden einzusetzen.

Tipps von Profi-Verkäufern

1. Nehmen Sie sich zumindest einen Tag im Jahr Zeit, um über Ihre Kunden nachzudenken. Bereiten Sie sich auf diesen Termin vor!
2. Reihen und sortieren Sie alles, was Sie vom Kunden wissen, vor allem aber das Potenzial für weitere Geschäfte mit dem Kunden und die mit den Kunden erzielten Umsätze.

3. Reihen Sie Kunden nach dem erreichbaren Potenzial. Planen Sie niemals mit unerreichbaren Potenzialen.
4. Drehen Sie die Kundenkontakte. Machen Sie jeden Monat einige Aktivitäten weniger bei den Kunden ohne Potenzial und erhöhen Sie auf der anderen Seite die Kontakte bei den Kunden mit viel Potenzial.
5. Beobachten und Erhöhen Sie den Lieferanteil bei Ihren potenzialstarken Kunden.
6. Machen Sie eine Entdeckungsreise in die Bedürfnisse der besten Kunden. Bieten Sie diesen Kunden keine Durchschnittsleistungen. Investieren Sie persönliches und technisches Kundenwissen.
7. Analysieren Sie einmal pro Jahr den Kundenfluss.
8. Setzen Sie klare Maßnahmen zur Verbesserung Ihrer Kundenbilanz.

Kapitel 10

Der achte Schlüssel: Die Kundenproduktivität verbessern

Eitel ist, mit mehr zu tun,
was auch mit weniger getan werden kann.
Wilhelm von Ockham (1300-1350), Philosoph

Eine der großen Fragen der Menschheit ist bis heute unbeantwortet geblieben. Es ist die Frage, warum Menschen, die ab morgen in Urlaub gehen, heute produktiver arbeiten? Warum können Sie an diesem einen Tag produktiver arbeiten, als Sie die ganze letzte Woche gearbeitet haben? Was sind die Auslöser für dieses Phänomen?

Laut dem Ergebnis von Produktivitätsuntersuchungen machen produktive Menschen vor allem *weniger* sinnlose Tätigkeiten. Dies bedeutet, dass viele im normalen Tagesablauf unproduktive Arbeiten als normal empfinden. Produktive Verkäufer können blitzschnell zwischen sinnvoll und sinnlos unterscheiden und wenden sich sofort dem Sinnvollen zu. Produktive Verkäufer sortieren und reihen ihre Aufgaben mit dem Kunden. Damit schaffen sie die Grundlage für die Unterscheidung zwischen sinnvollen und sinnlosen Aufgaben. Aus der Distanz betrachtet glaubt man, sie arbeiten weniger, weil sie sich nur auf bestimmte Arbeiten konzentrieren und einige andere sogar ablehnen. Weniger zu arbeiten heißt bei Produktivitätsüberlegungen niemals faul zu sein. Weniger zu tun, ist häufig eine notwendige Maßnahme, um mehr zu erreichen. Grundsätzlich gibt es zwei Ansätze, mit denen wir uns in diesem Kapitel beschäftigen. Der *erste* Ansatz ist: Mit weniger Kunden mehr zu erreichen. Der *zweite* Ansatz ist: Weniger Aufwand bei der Betreuung von Kunden allgemein zu betreiben und bei weniger wichtigen Kunden den Aufwand zu reduzieren. Seltener kommt es auch vor, den Betreuungsaufwand auch bei den besten Kunden zu reduzieren, ohne dabei die Geschäftsmöglichkeiten zu gefährden. Doch bevor wir uns konkret mit der Aufwandsreduzierung beschäftigen, ist es wichtig, die grundsätzlichen Regeln des Rationalisierens kennenzulernen. Rationalisieren geht einen anderen Weg und hat auch eine andere Denkhaltung als optimieren.

Vieles, was Sie in diesem Kapitel finden, ist zum Teil widersprüchlich zu Aussagen des ersten, zweiten und vierten Faktors, aber das liegt in der Natur der Sache. In diesem Kapitel zeigt sich, dass Rationalisieren einengt. Es reduziert den Aufwand und da gelten eben andere Gesetze als beim Optimieren und Ausweiten des Geschäfts.

Den eigenen Aufwands- und Zeitdruck festlegen

Jeder, der produktiv werden will, muss lernen, nicht nur zu optimieren, indem er mehr Chancen, Kontakte und Möglichkeiten schafft, sondern auch mit *weniger* Arbeit *mehr* zu erreichen, also seine eigene Arbeit zu rationalisieren. Der erste Schritt, um mit weniger Aufwand mehr zu erreichen, ist das Verstehen des Produktivitätsparadoxons. Dieses besagt, dass es in der Regel immer möglich ist, ein Ergebnis – also zum Beispiel ein Produkt, ein Werk oder einen Auftrag – in geringerer Zeit und mit weniger Aufwand zu erstellen oder zu produzieren, wenn dabei bestimmte Richtlinien eingehalten werden.

Der Produktivitätstest

Am Leichtesten verstehen Sie das Produktivitätsparadoxon, wenn Sie folgenden Test machen, um herauszufinden, welche Produktivitätsprämissen in Ihrem Gehirn abgespeichert sind: Konzentrieren Sie sich auf die folgenden Angaben zu dem Test und geben Sie anschließend eine spontane Antwort: Nehmen wir an, ein Haus wird in 100 Tagen von 100 Arbeitern gebaut. Nehmen wir weiter an, Sie haben ab morgen nur 50 Arbeiter für den Hausbau zur Verfügung. Wenn Sie nur halb so viele Arbeiter zum Hausbau zur Verfügung haben, wie schaut es dann mit der Zeit aus? Was ist Ihre Antwort? Glauben Sie, dass es doppelt so lange dauert, also 200 Tage? Oder genauso lange, also 100 Tage? Oder nur halb so lange, also 50 Tage? Die häufigste Antwort, die von Verkäufern bei diesem Test gegeben wird, ist die Zeitspanne von 200 Tagen, also doppelt so lange. Einige sagen auch

100 Tage, aber die wenigsten 50 Tage. Warum? Weil wir die Produktivität immer als festen und starren Körper in unseren Überlegungen abgespeichert haben. Wir glauben, die Multiplikation aus Arbeit und Zeit ergibt immer ein fixes Ergebnis. Doch das ist falsch in den Grundannahmen und auch im erzielten Ergebnis. Diesen Zusammenhang hat als erster Parkinson mit seinen Parkinsonschen Gesetzen aufgedeckt. Er zeigte, dass es in den meisten Fällen möglich ist, das Ergebnis in 50 Tagen zu erzielen, wenn der entsprechende Zeit- und Arbeitsdruck vorhanden ist. Stehen Sie als Verkäufer vor der Aufgabe, eine Arbeit zu erledigen, dann können Sie diese, wenn Sie selbst den Aufwand und die Zeit bestimmen, auch in der halben Zeitspanne erledigen.

Rationalisieren Sie Ihre Arbeit

Es ist in den meisten Fällen immer möglich, das gleiche Werk in weniger Zeit und mit weniger Aufwand zu erstellen. Das wird durch Rationalisieren der Arbeit erreicht. Wenn wir einen Vergleich mit der Naturwissenschaft ziehen, ist die Arbeit, die geleistet wird, einem gasförmigen Aggregatszustand am ähnlichsten. Parkinson hat nachgewiesen, dass, wenn kein Aufwands- und Zeitdruck besteht, eine Arbeit jede Zeit und jeden Raum ausfüllt, den man der Arbeit gibt. Dazu kommt, dass sich die Arbeit durch Komplexitätsschübe noch erhöhen kann. Das ist meist der Fall, wenn der Zeitraum, in dem die Arbeit erledigt wird, lang ist und mehrere Menschen daran arbeiten. Das heißt eine Arbeit, die in drei Stunden erledigt werden kann, kann auch in sechs Stunden erledigt werden, wenn man diese Zeit hat. Und das hat nichts mit einer bewussten Arbeitsverschleppung zu tun. Es ist ein Phänomen, dass die Produktivität einfach sinkt, sobald *kein* Zeit- und Aufwandsdruck vorhanden ist. Wenn genügend Druck vorhanden ist, ist die Ausführung der gleichen Arbeit auch in nur zwei Stunden möglich. Wenn wir aber sechs Stunden Zeit dafür haben, dann werden wir auch sechs Stunden brauchen.

Die *erste* Regel beim Rationalisieren lautet: die Zeit knapp halten. Stellen Sie sich vor, dass Sie morgen in Urlaub gehen. Was passiert? Sie erledigen die wichtigsten Dinge, da Sie nur einen Tag dafür Zeit haben. Die *zweite* Regel des Rationalisierens ist es, den Aufwand bewusst zu reduzieren. Dies kann geschehen, indem wir uns auf die wesentlichsten Aufgaben konzentrieren und bewusst falsche Aktivitäten vermeiden. Das haben wir teilweise schon im Kapitel zum zweiten Faktor gelernt. Wenn Sie diese beiden Regeln befolgen, lernen Sie, instinktiv produktiv zu sein.

Resultate und Ergebnisse sind das, was wir im Verkauf erreichen wollen, und die wichtigste Aufgabe ist es nun, alles andere zu eliminieren. Um Produktivität zu verstehen, ist es wichtig zu verstehen, welche Bedingungen vorherrschen müssen, um produktiv zu sein. Sehen wir uns einmal Menschen an, die eine Doppelbelastung im Leben haben und wie sie diese Doppelbelastung bewältigen. Einige Beispiele: Ein Student arbeitet für ein Unternehmen und schließt gleichzeitig sein Studium ab. Eine berufstätige Mutter kümmert sich gleichzeitig um Familie und Karriere. Ein Manager führt einen Verein neben seiner Arbeit. Viele Menschen nehmen freiwillig Zusatzbelastungen auf sich. Sie sind auf ihre Weise immer produktiv. Dies kann nur mit einem guten Zeitmanagement gelingen.

Produktivität hat immer zwei Komponenten, die für Sie als Verkäufer zu beachten sind. Erstens: Bestimmen Sie den genauen Aufwand. Zweitens: Limitieren Sie die Zeit dafür. Für Verkäufer ist das Zeitmanagement immer ein wichtiger Aspekt. Doch Zeitmanagement funktioniert nur dann, wenn die Rationalisierungsregeln eingehalten werden.

Ganz ohne Druck geht's nicht

Das Steigern der Produktivität gelingt uns Menschen nur, wenn wir eigenen Druck erzeugen. Dieser Druck ist sowohl bei der Zeit als auch beim Aufwand anzusetzen. Geben Sie jeder Tätigkeit des Tages ein Zeitlimit und denken Sie immer daran, die limitierte Zeit auch einzuhalten. Eine gezielte Auswahl und teilweise auch weniger Aktivitäten auszuführen, ist die produktive Antwort auf planlose Geschäftigkeit. Das erste, was Menschen tun, wenn sie Druck hören, ist, dass sie an Stress, Überlastung und Burnout denken. Doch das ist komplett unsinnig. Erst durch das Rationalisieren der Arbeit ist es möglich, weniger zu arbeiten. Persönlicher Druck entsteht dadurch, wichtige Dinge nicht erledigt zu haben. Diesen Druck des Unerledigten schleppen wir mit uns mit. Wer rationell arbeitet, macht das wichtige in kurzer Zeit und kann damit entspannter sein – beruflich wie privat. Überlegen Sie sich für Ihre Arbeit die folgenden zwei Fragen: Wie erzeugen Sie Zeitdruck? Und wie erzeugen Sie Aufwandsdruck?

Erledigen Sie Engpässe zuerst

Verkäufer brauchen einen ständigen Fluss an neuen Geschäftsmöglichkeiten. Vor allem Unternehmen mit einer Produktion benötigen eine konstante Auslastung. Ist die Produktion belegt, dann bringen zusätzliche Aufträge wenig und ein Auftrag ist dann wertvoller, wenn nichts zu produzieren ist. Wichtig ist daher, einen kontinuierlichen Fluss an Aufträgen zu haben, anstatt zu viele auf einmal, die Sie nicht bearbeiten können.

Routine und Automatisierung

Erinnern Sie sich an die ersten Fahrstunden mit Ihrem Fahrlehrer? Wie mühsam war es doch, zu kuppeln und beim Schalten die Gänge einzulegen. Wer bereits einige Jahre mit dem Auto fährt, kann darüber nur lachen. Die meisten Aktivitäten sind automatisiert und in Fleisch und Blut übergegangen. So gibt es auch beim Verkaufen eine Reihe von Aufgaben, die so rasch wie nur möglich automatisiert werden sollen. Das Verwalten von Anfragen, das Betreuen von Stammkunden, das Erkennen und das Dokumentieren von Möglichkeiten und Chancen, das Verwalten und Dokumentieren von Kundendaten und so weiter – all diese Aufgaben sollten in kurzer Zeit sehr effizient bearbeitet werden.

Vollkunden ausbauen

Was ist leichter: neue Kunden zu akquirieren oder neue Produkte an bereits bestehende Kunden zu verkaufen? Diese Fragestellung und dieser Zusammenhang wurden in den letzten fünfzig Jahren in einer Reihe von Untersuchungen ausführlich analysiert. Die Antwort aus den vielen Untersuchungen ist dabei immer eindeutig und klar ausgefallen: In den meisten Fällen ist es leichter, neue Produkte an bereits bestehende Kunden zu verkaufen als neue Kunden zu akquirieren. Wenn Sie bereits beim Kunden sind und die Kundenakquisition abgeschlossen haben, dann ist es produktiver, wenn der Kunde nicht nur eines, sondern mehrere Produkte von Ihnen kauft, als wenn Sie neue Kunden akquirieren. Dennoch ist es aber langfristig wichtig, immer für neue Kunden zu sorgen. Daher ist es naheliegend, sich ein Vollkundenkonzept zu überlegen. Dabei wird versucht, so viele Produkte wie nur möglich an die bereits bestehenden Kunden zu verkaufen. Ein Vollkundenkonzept soll die Erfolgswahrscheinlichkeit jedes Kaufes beim Kunden erhöhen und dabei den Aufwand minimieren. Die Erfolgswahrscheinlichkeit, einen zusätzlichen Auftrag für ein neues Produkt bei einem Kunden zu erhalten, steigt tatsächlich mit jedem verkauften Produkt. Wenn es also möglich ist, mehrere Produkte an einen Kunden zu verkaufen, sollten Sie es immer tun oder zumindest versuchen. Auch Ihr Aufwand in der Kundenbetreuung wird minimiert. Das heißt, wenn Sie viele Vollkunden haben, sinkt die Zeit, die Sie für die Betreuung von Kunden investieren. Das sind also die zwei wesentlichen Vorteile eines Vollkundenkonzepts: eine hohe Erfolgswahrscheinlichkeit und ein geringer Aufwand in der Kundenbetreuung. Zählen Sie Ihre Kunden und analysieren Sie, wie viele Ihrer Kunden davon schon Vollkunden sind. Erstellen Sie einen Plan zum Umsetzen des Vollkundenkonzepts und arbeiten Sie kontinuierlich am Ausbau Ihrer Vollkundenbasis.

Rationalisieren Sie auch Ihre Umgebung

Rund ein Drittel der Arbeitszeit verbringt der durchschnittliche Verkäufer mit dem Thema Administration. Doch diese Zeit ist nicht nur unproduktive Kundenzeit, es gibt auch klassische Vorbereitungen, die rascher oder langsamer erfolgen können. Rationalisieren ist häufig verbunden mit dem eigenen Arbeitsumfeld. Persönliche Produktivität ist ein wichtiges Element für effizientes Arbeiten. Dabei geht es vor allem darum Zeit und Energie einzusparen.

Dress Code

Viele Verkäufer schwören auf einen Dress Code und rationalisieren damit auch ihr privates Leben. Der Vorteil ist, dass Sie jeden Tag einige Minuten Zeit beim Anziehen sparen. Ein nettes Beispiel für die Anwendung eines Dress Codes und für das Steigern persönlicher Produktivität kommt von Steve Jobbs. So wird erzählt, dass er bei einem einzigen Einkauf 100 schwarze T-Shirts und 100 schwarze Jeans kaufte. Als man ihn nach dem Grund fragte, antwortete er: »Um Zeit zu sparen«. Verkäufer mit einem Dress Code brauchen sich nicht die Frage zu stellen, was sie am Morgen anziehen sollen. Bei Geschäftsreisen brauchen sie sich nicht die Frage zu stellen, was sie einpacken müssen. Sie kaufen nur dunkle Anzüge mit den entsprechenden Hemden unter dem Gesichtspunkt, dass alles miteinander harmoniert und kombinierbar ist. Damit können täglich einige Minuten eingespart werden.

Kunden, die nie bestellen

Vermeiden Sie eine Angebotslegung bei Kunden, die niemals bestellt haben und wahrscheinlich auch nie bestellen werden. Viele Kunden fordern zum wiederholten Male Unterlagen und Angebote an, sind aber an einer weiteren Zusammenarbeit letztlich nicht interessiert. Hier ist zu unterscheiden, ob sich hier eine tatsächliche Chance bietet oder der Aufwand nur unnötigerweise erhöht wird. Wenn Sie Ihre Kunden und Interessenten kennen, werden Sie diese beiden Dinge auseinanderhalten können. Sprechen Sie den Kunden darauf an. Sagen Sie dem Kunden, dass Sie sich nicht mehr die Mühe machen, ein Angebot zu legen, wenn nicht mindestens eine Auftragswahrscheinlichkeit von 50 Prozent besteht.

Tagesplan

Viele Verkäufer schwören auf einen Tagesplan, der immer am Vorabend gemacht wird. Starten Sie keinen Tag ohne klares Tagesziel und den entsprechen Plan, dieses Ziel zu erreichen.

Alles am Körper

Das »Alles-am-Körper«-Konzept habe ich in verschiedenen Ländern und bei vielen unterschiedlichen Verkäufern gesehen. Ein Industrieller, der 53 Unternehmen leitete, wendete diese Methode genau so an, wie ein Strukturverkäufer in Rumänien. Es lautet: Alles, was Sie zum Arbeiten benötigen, soll in den Hemd-, Jacken- und Hosentaschen Platz haben. Sie können sich vorstellen, dass Verkäufer, die das vollbringen, sehr gut organisiert sind, denn sie schaffen es so, das Wesentliche für ihren Job zu rationalisieren und zu komprimieren. Sie können Termine immer vereinbaren, brauchen niemals zurückrufen. Sie erledigen alle privaten Termine zwischen den Kundenterminen. Ähnlich wie das »Alles-am-Körper«-Konzept ist das »Ein-Taschen«-Konzept. Alles, was Sie zum Arbeiten und zur Kundenbetreuung benötigen, hat Platz in einer einzigen Tasche.

Ausrüstung

Entrümpeln Sie laufend Ihre Arbeitsumgebung. Wenn Sie viel Platz haben, werden Sie ihn auch brauchen. Versuchen Sie, das Wesentliche auf engstem Raum zu platzieren. Wenn Sie vier Schubladen in Ihrem Schreibtisch zur Verfügung haben, versuchen Sie, Ihre Unterlagen in nur zwei davon unterzubringen. Wenn eine Kundenablage aus vier Ordnern besteht, dann machen Sie alles, damit es sich nur auf zwei Ordnern verteilt.

Tipps von Profi-Verkäufern

1. Bauen Sie vor jeder Aufgabe einen Zeitdruck auf. Vor allem bei administrativen Aufgaben ist es wichtig, zuerst eine gezielte Auswahl zu treffen und dann ein Zeitlimit für die Erledigung festzulegen.
2. Beschreiben Sie den Aufwand jeder Aufgabe und begrenzen Sie ihn.
3. Rationalisieren Sie zumindest einmal monatlich Ihre Arbeitsumgebung.

Kapitel 11

Der neunte Schlüssel: Die Kundenprofitabilität erhöhen

Es gibt drei Gruppen von Kunden. Die erste Gruppe ist bereit, für die gleiche Leistung um 30 bis 70 Prozent mehr zu zahlen – einfach deshalb, weil ihnen die Leistung, die Sie ihnen bieten, viel wert ist. Dann gibt es eine zweite Gruppe von Kunden, bei denen Sie einen geringen Profit erzielen, einfach deshalb weil sie den Wert der von Ihnen zu erbringenden Leistung geringer schätzen. Es gibt aber auch eine dritte Gruppe von Kunden, bei der bei jedem einzelnen Geschäftsabschluss draufgezahlt wird.

Um die Profitabilität ihrer gesamten Kundenbasis zu erhöhen, müssen Sie die erste Gruppe stark *fördern,* die zweite *minimieren* und die dritte nach Möglichkeit *eliminieren.* Wie kann es sein, dass einige Kunden gerne weit mehr bezahlen als andere? Es ist einfach der Mehrwert, den Ihr Produkt oder Ihre Dienstleistung bietet und dieser ist bei jedem Kunden ein anderer. Die Kenntnis dieses Mehrwerts erlangt der Kunde durch Sie. Entweder Sie sagen es dem Kunden oder er weiß es bereits.

Eine der Schlüsselfragen, die für einen Verkäufer nur schwer gelöst werden kann, ist: Wann trenne ich mich von meinen Kunden? Langfristig kann jeder im Verkauf stehende Mensch nur von Kunden leben, die auch profitabel sind. Stellen Sie sich in jeder Kundenbeziehung folgende Frage: Machen Sie mit dem Kunden weiter? Macht es Sinn, mit jedem Kunden weiter zusammenzuarbeiten? Macht es Sinn, den Kunden persönlich zu betreuen? Oder macht es vielleicht Sinn, den Aufwand zu reduzieren? Ein profitabler Kunde ist dadurch gekennzeichnet, dass er mit wenig Aufwand betreut werden kann und ein sehr schönes Ergebnis mit ihm erzielt wird. Ein wenig profitabler Kunde hat einen Betreuungsaufwand, der durch die Ergebnisse nicht gerechtfertigt ist. Ein Vorschlag ist, alle Kunden, die Sie betreuen, in eine Reihe zu bringen und den Aufwand und die Manipulationsintensität des Kunden zu bewerten. An der Spitze der Reihe stehen dann die Kunden mit hohem Profit und nur geringem Aufwand und am Ende der Liste stehen die Kunden, die wenig zu Ihrem Erfolg beitragen, aber einen hohen Aufwand in der Betreuung haben. Jetzt sollten Sie in der Lage sein, die eingangs gestellte Frage zu beantworten. Wie bei allen Dingen im Verkauf ist es dabei wichtig, bei der Beurteilung von Kunden mit Augenmaß vorzugehen und auch andere Dinge zu berücksichtigen. Wie zum Beispiel: Ist der Kunde ein Referenzkunde oder Imagekunde, den ich unbedingt behalten will? Sie werden sich die Frage stellen müssen, ob es sich auszahlt, diese Kunden weiter zu betreuen und was passiert, wenn Sie die komplizierten nicht mehr intensiv betreuen.

Umsatztreiber

Erhöhen Sie den Umfang und Wert jedes Geschäfts mit dem Kunden. Das ist das Hauptziel der Umsatztreiber. Viele Kunden würden auch mehr bezahlen, wenn sie den Wert der verkauften Ware oder der Dienstleistung entsprechend würdigen. Jedes Geschäft hat eine Basis-, aber auch eine Zusatzleistung und in einigen Fällen sogar eine herausragende Leistung, die durch geeignete Maßnahmen gesteigert werden kann. Diese Zusatzleistungen ermöglichen es vielfach, das Produkt oder die Dienstleistung sinnvoll durch den Kunden zu nutzen. Bei allen Verkäufern, bei denen das möglich ist, kann der Wert des Geschäfts um das Doppelte erhöht werden – sowohl auf der Umsatz- als auch auf der Gewinnseite. Im Folgenden widmen wir uns den Möglichkeiten, wie der Umsatz beim Kunden erhöht werden kann. Hierbei gibt es vier Ansatzpunkte:

Mehr- und Zusatzverkäufe einplanen

Überlegen Sie sich erstens, wie viele Kunden, die bereits ein Produkt gekauft haben, noch ein weiteres benötigen. Erstellen Sie eine Liste mit den Kunden zum Ausschöpfen Ihres »Cross Selling«-Potenzials. Zweitens überlegen Sie sich, bei welchen Kunden Sie noch mehr verkaufen oder teurer verkaufen können. Stellen Sie sich drittens die Frage, welcher Kunde noch Zuatzmaterial oder Ersatzteile benötigt, die er noch nicht bei Ihnen kauft.

Verkaufen Sie das richtige Produkt oder Dienstleistung

Das richtige Produkt zu verkaufen ist ein logischer Vorgang. Die Realität sieht häufig unlogisch aus. Reihen Sie Ihre Produkte nach dem Umsatz und dem Profit, den Sie mit ihnen erzielen, und vergleichen Sie sie mit einer Reihung der tatsächlich verkauften Produkte. Natürlich sollen Sie dem Kunden kein Produkt verkaufen, das er nicht benötigt. Sie sollten aber keine Möglichkeit auslassen, umsatzstarke und hochwertige Produkte zu verkaufen.

Psychologische Werterhöhung

Überlegen Sie immer: Was können Sie, was andere nicht können? Verkaufen Sie daher keine »reinen« Produkte, verkaufen Sie Lösungen oder Systeme. Der erste Schritt auf dem Weg zur psychologischen Werterhöhung ist es, den Nutzen für den Kunden transparent zu machen. Wenn Ihnen das gelingt, befinden Sie sich schon einen Schritt näher am Verkaufserfolg.

Der zweite Schritt ist es aber, dem Kunden eine Lösung zu verkaufen, die in ihrer Einzigartigkeit nur von Ihnen geboten werden kann. Jetzt erst sind Sie für den Kunden schwer mit dem Wettbewerb vergleichbar. Nicht jedes Produkt hat für den Kunden den gleichen Wert. Daher ist in der Argumentation darauf zu achten, dem Kunden den echten Wert zu erklären. Differenzieren Sie sich zusätzlich durch mehrere begleitende Dienstleistungen, die beim Kunden Werte schaffen.

Preisdifferenzierung

Wenn es in Ihrem Markt möglich ist, differenzieren Sie die Preise. Durch eine Preisdifferenzierung lassen sich die Umsätze bei den Kunden erhöhen. Der Grund: Wer nur einen Preis hat, ist für eine große Zielgruppe interessant; wer zehn Preise hat, ist aber für zehn kleinere Zielgruppen interessant. Diese zehn kleineren Zielgruppen beinhalten aber mehr Kunden als die große Zielgruppe.

Wenn ein Kunde bereit ist, 100 Einheiten für etwas zu zahlen, dann verkaufen Sie es für 100 Einheiten. Wenn ein weiterer Kunde 70 Einheiten dafür zahlen will, dann verkaufen Sie es ihm für 70 Einheiten. Wenn ein anderer nur 30 Einheiten dafür zu zahlen bereit ist, dann verkaufen Sie es auch für 30 Einheiten. Setzen Sie sich aber eine Mindestgrenze, die jeder Kunde zahlen muss.

Wenn Sie jedem Kunden das Produkt zu dem Wert verkaufen, den er zu zahlen bereit ist, dann können Sie Ihren Umsatz dramatisch erhöhen. Das ist anders, wenn Sie einen Fixpreis für alle Kunden gleich ansetzen, denn dieser wird vielen zu hoch sein und sie vom Kauf abhalten.

Gewinntreiber

Hier wollen wir den Gewinn und den Profit aus jedem Geschäft verbessern. Preisverhandlungen sind eines der wichtigsten Themen im Verkaufsprozess, vor allem, wenn Sie Produkte und Dienstleistungen verkaufen, bei denen der Kunde tief in seine Tasche greifen muss. Nutzen Sie jede Möglichkeit, den Gewinn und den Profit eines Geschäfts zu erhöhen.

Verlangen Sie angemessene Preise

Seien Sie bei den Preisverhandlungen mutig: Setzen Sie sich einen Mindestpreis, unter dem Sie ein Geschäft nicht abschließen wollen. Argumentieren Sie mit dem Mehrwert zur Konkurrenz und verschaffen Sie sich den Ruf, zu den Top-Anbietern in Ihrer Branche zu gehören. Stellen Sie von vornherein klar, dass Sie nicht gewillt sind, auf jeden niedrigen Preis einzugehen.

Verhandeln Sie Preise immer am Ende des Verkaufsprozesses

Um hohe Preise beim Kunden umzusetzen, ist der *Zeitpunkt* der Nennung des Preises wichtig. Viele Untersuchungen und Beobachtungen gehen dabei in dieselbe Richtung. Die Preishöhe richtet sich danach, *wann* der Preis im Verkaufsprozess genannt wird. Je früher der Preis im Verkaufsprozess genannt wird, umso niedriger fällt er am Ende aus. Viele preisstarke Verkäufer haben es sich zur Regel gemacht, den Preis in einer Verkaufsverhandlung möglichst spät zu nennen. Das Argument, das diese verkaufsstarken Verkäufer dabei nennen, ist durchaus klar: Der Kunde muss zuerst dazu bewegt werden, mental zu kaufen und zum Produkt und zur Dienstleistung einmal »Ja« zu sagen. Dann erst folgt die Preisnennung. Wenn der Kunde überzeugt und begeistert ist, stellt er dem Preis einen anderen Wert entgegen.

Reduzieren Sie Rabatte und Nachlässe

Stellen Sie sich eine kleine Formel auf. Überlegen und berechnen Sie, wie viel Umsatz Sie mehr machen müssen oder wie viel Stück oder Stunden Sie mehr verkaufen müssen, wenn Sie einen bestimmten Nachlass in Prozent oder an Wert an den Kunden weitergeben. Ein Beispiel: Ihr Produkt kostet 100 Einheiten und Sie haben bei diesem Produkt 20 Prozent Spanne. In einer Preisverhandlung lassen Sie 10 Prozent von der Gesamtsumme nach. Wieviel müssen Sie mehr verkaufen, um diesen Nachlass auszugleichen? In unserem Beispiel müssen Sie doppelt so viel verkaufen, um diesen Nachlass auszugleichen. Was ist in der Realität leichter: doppelt soviel zu verkaufen oder weniger nachzulassen?

Erhöhen Sie Ihr Anspruchsniveau

Eine Münchner Verhaltensbiologin hat Folgendes festgestellt, als sie sich der Frage widmete, welcher Frauentyp in Diskos am wenigsten kontaktiert wird: Es sind Models. Der Grund ist, dass sie zu schön sind und jeder Mann, bevor er eine Frau anspricht, sein Anspruchsniveau überprüft, indem er sich unterbewusst fragt: »Bin ich gut genug für sie?«. Ein Steigern der Produktivität hat vor allem bei vielen jungen Verkäufern mit dem Anspruchsniveau zu tun. Sie sind also nur so gut, wie Sie sich tatsächlich finden. Und das Nennen eines hohen Preises hat sehr viel mit dem Anspruchsniveau zu tun. Haben Sie einfach den Mut, das Thema bewusst anzugehen.

Verfassen Sie einen Steckbrief von sich selbst. Beschreiben Sie in den besten Worten Ihre Vorzüge. Und wenn der Kunde den Preis anspricht, dann denken Sie an Ihren Steckbrief und gewinnen Sie daraus Selbstvertrauen und ein gesteigertes Anspruchsniveau.

Vermeiden Sie ungerechtfertigte Abzüge

Kunden, die vor allem im Projektgeschäft ohne eine Angabe von Gründen einen ungerechtfertigten Abzug verlangen, sind immer mit Vorsicht zu behandeln. Dieser unangemessene Abzug von Ihrer Rechnung, der bis zu 50 Prozent der Gesamtsumme betragen kann, hat eine ähnliche Bedeutung, wie ein Diebstahl in der Familie. Man wird wahrscheinlich den Dieb nicht anzeigen, aber die Beziehung leidet darunter. Kunden, die das machen, bezahlen häufig Provisionen an ihre Einkäufer für das Einfordern ungerechtfertigter Abzüge. Sie nutzen die wirtschaftliche Lage des Lieferanten aus und sind daher zu meiden. Viele Verkäufer helfen sich damit, indem sie bei diesen Kunden ein Angebot mit einem hohen Preis versehen und so den Kunden fernhalten.

Bringen Sie den Wert Ihrer Person ins Spiel

Was ist es dem Kunden wert, genau von Ihnen betreut zu werden und nicht vom Wettbewerber? Was können Sie als Person besser als Ihre Wettbewerber? Versuchen Sie diesen Wert, den Ihre persönliche Betreuung für den Kunden darstellt, zu kapitalisieren. Sagen Sie dem Kunden, welchen Wert Ihre Betreuung hat und konfrontieren Sie ihn mit der Frage, ob der Preis die Gesamtleistung nicht rechtfertigt.

Planen sie Ergebnistreiber bei Besuchen ein

Wenn Kunden in einer Handelsbetreuung regelmäßig besucht und betreut werden, machen es sich viele Verkäufer zum Ziel, jeden Kundenbesuch mit einem bestimmten Thema zu versehen. Diese Themen können beispielsweise das Vorstellen von neuen Produkten und das Vereinbaren von Marketingaktivitäten sein. Viele Verkäufer ergänzen diese klassischen Treiber um Ergebnistreiber. Ergebnistreiber haben das Ziel, den Deckungsbeitrag oder die Konditionen zu verbessern und zu optimieren. Die persönliche Zielsetzung beim Kundenbesuch wird damit um einen Ergebnistreiber erweitert. Auch bei langfristigen Partnerschaften mit den Kunden ist es sinnvoll, Ergebnistreiber als Gesprächsziel zu planen, die zu einer Verbesserung von Deckungsbeiträgen führen.

Tipps von Profi-Verkäufern

1. Bestimmen Sie Ihre Umsatztreiber. Erstellen Sie sich Listen, in denen Sie ersehen können, welche Möglichkeiten es gibt, die Umsätze zu erhöhen. Wenn Sie das wissen, können Sie bei jedem Kundenbesuch einen Umsatztreiber als weiteren Gesprächsinhalt planen.
2. Bestimmen Sie Ihre Gewinntreiber. Erstellen Sie sich Listen, aus denen Sie ersehen können, welche Möglichkeiten es gibt, die Deckungsbeiträge zu erhöhen. Gehen Sie vorbereitet in die Kundengespräche. Planen Sie in vielen Kundengesprächen Themen ein, die zu einer Werterhöhung Ihrer Leistung führen.

Am Ende dieses Kapitels sollten Sie in der Lage sein, die richtigen Aktivitäten bei den besten Kunden zu machen und vor allem diese Aktivitäten für die Zukunft zu planen. Je mehr wichtige Kunden Sie betreuen, umso produktiver werden Sie. Wer das als Verkäufer berücksichtigt, kann in kürzerer Zeit mehr verkaufen.

Der vierte Faktor

Besser verkaufen

Verkaufsprozess – Deal Flow – Trefferquote

Wer vor einem viertel Jahrhundert ein Mobilfunkgerät kaufte, musste 10 000 Euro dafür bezahlen. Als Gegenwert bekam er ein 14-Kilogramm-Telefon, das zweihändig bedient werden musste. Eine Hand war für das Tragen des Akkus reserviert und eine Hand zum Bedienen des Hörers. Wenn der Verkäufer eines dieser schweren Geräte an einen Direktkunden verkaufte, erhielt er eine Provision von 1 000 bis 2 000 Euro. Selbst wenn er nur ein paar davon verkaufte, kam er auf ein ansehnliches Gehalt pro Monat. Wenn heute derselbe Verkäufer Mobilfunkgeräte mit einer wesentlich höheren Funktionalität in einem Laden verkauft, muss er wahrscheinlich mehrere hundert Stück im Monat verkaufen, um das gleiche Gehalt zu bekommen. Angenommen, der gleiche Verkäufer von damals verkauft heute noch immer Mobiltelefone – was hat er in den letzten 25 Jahren unbedingt lernen müssen? Er musste lernen, *viel mehr* und *viel schneller* zu verkaufen und mit viel weniger Geld auszukommen.

Profi-Verkäufer können im gleichen Zeitraum *doppelt bis dreimal* so viele Kunden, Geschäfte oder Projekte betreuen, akquirieren, managen und abwickeln wie Durchschnittsverkäufer. Aber nicht nur die reine Anzahl an Kunden, Geschäften und Projekten ist höher, bessere Verkäufer erzielen dabei auch noch bessere Resultate und bessere Geschäftsabschlüsse, Aufträge, höheren Umsatz oder Absatz als andere Verkäufer. Warum? Profi-Verkäufer wickeln ihre Arbeit rationell ab. Rationelle Verkäufer sind unkompliziert und können rasch verkaufen und dabei jeden einzelnen Verkaufsakt in einfacher Art und Weise abarbeiten. Dadurch sind Profi-Verkäufer in der Lage, in der gleichen

Zeit mehr als andere zu machen. Unter besser verkaufen verstehen wir also hier die sogenannte Qualität in der Abwicklung jedes einzelnen Verkaufsaktes. Doch wer an »besseres Verkaufen« denkt, dem fallen in erster Linie die psychologischen Aspekte des Verkaufens ein. Hier geht es aber um den systemischen Aspekt, also um die Frage, welches persönliche Verkaufssystem es mir erlaubt, in der gleichen Zeit mehr Kunden zu betreuen und damit mehr Geschäft pro Zeiteinheit zu machen. Ähnlich wie im dritten Faktor geht es hier um den Kunden. Im vierten Faktor wählen wir aber eine andere Betrachtungsweise. Hier konzentrieren wir uns auf jeden einzelnen Geschäftsfall mit dem Kunden. War bei der Produktivität das Reihen und Sortieren von Kunden das Werkzeug, das wir zur Steigerung der Produktivität kennengelernt haben, dann ist es beim vierten Faktor zuerst das Optimieren und danach das Rationalisieren des einzelnen Verkaufsaktes. Es geht um den Prozess, die Struktur und den Ablauf, wie jeder einzelne Kunde, jeder Geschäftsfall, jedes einzelne Projekt von Ihnen bearbeitet wird. Wer kompliziert und lange einen Geschäftsfall bearbeitet, erzielt schlechtere Ergebnisse als wenn der gleiche Geschäftsfall einfach und schnell bearbeitet wird. Ist der Prozess in der Bearbeitung eines einzelnen Verkaufsaktes kurz und die Struktur einfach, dann sind Sie schneller und können langfristig mehrere Geschäfte machen. Wenn Sie das auch noch gut machen, dann sinken die Quoten. Die Quoten sind für Sie der Gradmesser für Ihre Geschäftsabwicklungsqualität. Wie Sie schneller werden und dabei Ihre Quoten verbessern können, erfahren Sie in den nächsten drei Kapiteln. Im vierten Faktor werden also folgende drei Themen angesprochen:

Bessere Verkäufer bringen bessere Quoten

Erstens: Bessere Verkäufer haben bessere Quoten. Eine Trefferquote von eins ist dabei das Idealbild von Verkaufsqualität. Die besten Trefferquoten hat der Verkäufer dann, wenn der Kunde unkompliziert ist und schnell und gerne bei ihm kauft. Ob er schnell und gerne kauft, hängt sowohl vom Verkäufer als auch vom Kunden ab. Wir gehen hier anders vor als im dritten Faktor, bei dem es meist objektive Kriterien waren, die bestimmten, ob ein Kunde produktiver ist oder nicht. Im vierten Schritt wählen wir nach meistens subjektiven Kriterien aus, ob Sie beim Kunden gut ankommen oder nicht.

Den Durchfluss von Geschäften beschleunigen

Der Durchfluss an Kunden pro Zeiteinheit ist ein wichtiger Gradmesser für die Abwicklungsqualität. Je mehr Kundenprojekte, je mehr Geschäfte Sie in einem Monat schaffen, desto mehr Erfolge können Sie erzielen. Je rationeller und routinierter Sie die Geschäftsfälle bearbeiten, desto höher ist Ihr Geschäftserfolg. Der dritte wichtige Bereich zur Beschleunigung des Durchflusses an Kunden sind die Dauer und der Aufwand eines einzelnen Geschäftsakts. Hier können Prozesse verkürzt oder auch verlängert werden. Bessere Verkäufer können, ohne die Verkaufsqualität zu verlieren, einzelne Schritte des Verkaufsprozesses auslassen, automatisieren oder auch delegieren.

Jeden Geschäftsfall optimieren

Warum der vierte Faktor erst an der vierten Stelle in dieser Verkaufslogik steht, lässt sich wie folgt erklären. Im ersten Faktor geht es darum, eine Basis zu schaffen, um genügend Projekte, Kunden und Chancen zu haben. Mit dem zweiten Faktor erfolgt die Konzentration auf die richtigen Aufgaben. Beim dritten Faktor geht es darum, aus allen möglichen Kunden diejenigen auszuwählen, die das meiste Potenzial in sich vereinen, um dann dort vorrangig aktiv zu sein, wo Ihr Aufwand gering ist und wo Sie den meisten Profit aus der Kundenbeziehung ziehen. Damit haben Sie die besten Kunden in Ihrem

Betreuungsportfolio. Im vierten Faktor konzentrieren wir uns nun auf die Bearbeitung jedes Geschäftsfalles bei jedem einzelnen Ihrer Kunden. Jetzt erst optimieren wir jeden einzelnen Geschäftsfall. Wenn Sie diese Reihenfolge nicht einhalten, geht sehr viel Ihrer Energie verloren. Wenn Sie den vierten Faktor vor dem dritten bearbeiten, investieren Sie in die falschen Kunden, in die falschen Projekte und in die falschen Geschäftsfälle. Wir wollen hier bei den besten Kunden jeden einzelnen Ihrer Verkaufsakte optimieren. In der Praxis sind die einzelnen Faktoren nicht voneinander zu unterscheiden.

Wie erkennen wir, ob nun besser oder schlechter gearbeitet wird? Am besten lässt sich das anhand einiger anderer Berufe erklären. Nehmen wir einen Uhrmacher. Er folgt einer bestimmten Logik, um eine Uhr zu bauen. Er kann dazu 30 Minuten, aber auch bis zu 2 Stunden benötigen. Egal, wie lange er braucht: Am Ende muss die Uhr den Qualitätsstandards entsprechen. Ein Uhrmacher ist dann besser als ein anderer, wenn er die Uhr rasch und qualitativ hochwertig zusammenbaut. Ein anderes Beispiel aus der Hotellerie: Internationale Hotelketten haben einen Standard für das Aufräumen eines Hotelzimmers entwickelt. Die besten Zimmermädchen säubern ein Hotelzimmer rasch und nach festgelegten Qualitätsstandards. Dabei gibt es immer schnellere und langsamere. Der beste Uhrmacher ist einer, der eine gut funktionierende Uhr in kurzer Zeit zusammenbaut; ein Zimmermädchen, das 20 Räume pro Vormittag aufräumt, ist besser als eins, das nur 10 in der gleichen Zeit schafft. Besser bedeutet hier also, jede einzelne Aufgabe rasch, unkompliziert und gut abzuschießen.

Kapitel 12

Der zehnte Schlüssel: Die Trefferquote verbessern

Er kam, sah – und verkaufte!

Sales is a number's game!

Jeder Kunde, der sofort und ohne Umschweife bei Ihnen kauft, hat eine Trefferquote von 1 oder 100 Prozent. Der Kunde sieht Sie, er oder Sie nehmen den Kontakt auf und er kauft sofort bei Ihnen. Abgesehen vom klassischen Einzelhandel kommt das natürlich selten und nur unter bestimmten Voraussetzungen vor, aber es ist zumindest möglich. Im Verkaufscontrolling ist die Trefferquote eine Übergangswahrscheinlichkeit zwischen den einzelnen Prozessschritten im Verkaufsprozess. Das ist zum Beispiel der Übergang von der Phase, in der der Kunde Interesse zeigt, zu der Phase, in der er tatsächlich bei Ihnen kauft. Und je mehr Interessierte auch tatsächlich kaufen, desto besser ist die Trefferquote. Es gibt in der Welt des Verkaufens 1000 Arten von Trefferquoten. Dazu einige Beispiele: Sie haben Ihren Kunden eine Reihe von Angeboten vorgelegt. Wenn Sie später feststellen, dass aus diesen Angeboten wirklich Aufträge entstehen, haben Sie eine Trefferquote erreicht. Ein weiteres Beispiel ist, dass Sie einen Händler besuchen und ihm eine Werbemaßnahme vorstellen. Wenn dieser Händler dann tatsächlich die Werbung an seine Kunden weitergibt, haben Sie eine hohe Trefferquote erzielt. Je mehr Aktionen Sie also bei Kundenbesuchen vereinbaren, desto besser ist die Trefferquote. Wenn Sie als Verkäufer in einem Restaurant nach einer Nachspeise gefragt werden, ist das Verhältnis zwischen der Frage nach der Nachspeise und dem tatsächlichen Kauf eine Trefferquote. Ein Verkäufer, der die Kunden gut überzeugen kann, hat natürlich eine bessere Trefferquote. Aber es ist nicht nur die persönliche Qualität, die maßgebend ist. Es gibt auch Verkaufskonzepte, wie zum Beispiel den richtigen Zeitpunkt der Kundenansprache oder die Betreuung einer besonderen Kundengruppe, die Trefferquoten beeinflussen. Eine Trefferquote kann eine Übergangswahrscheinlichkeit zwischen den einzelnen Aktivitäten im Verkaufsprozess oder zwischen Aktivitäten und Ergebnissen sein.

Die wohl bekanntesten Trefferquoten sind die Übergangswahrscheinlichkeit zwischen den Angeboten und den Aufträgen, die Übergangswahrscheinlichkeit zwischen den Besuchen bei Kunden und den zusätzlichen Bestellungen sowie die Trefferquoten bei Zusatzverkäufen. Ziel bei der Bearbeitung von Trefferquoten ist es, die Trefferquoten zu verbessern. Das bedeutet für Sie, weniger Streuverluste in Ihrer Kundenbetreuung zu haben. Das heißt, Sie können mit hohen Trefferquoten aus einem bestimmten Kundenpotenzial mehr Aufträge, Geschäfte, Bestellungen oder Projekte lukrieren.

Den Kontaktzeitpunkt mit Ihren Kunden optimieren

Es ist nicht egal, wann Sie den Kunden kontaktieren. Es kann durchaus sein, dass Sie besser verkaufen, wenn Sie den Kontaktzeitpunkt mit dem Kunden verändern. Eine wichtige Möglichkeit, die Trefferquote zu erhöhen, ist in vielen Branchen die Optimierung des Kontaktzeitpunkts mit dem Kunden. Es ist nicht egal, wann und wie mit dem Kunden gesprochen wird. Es gibt Situationen, in denen ein anderer Zeitpunkt der Kontaktaufnahme die Trefferquote verbessert oder auch verschlechtert.

Wie eine Trefferquote durch veränderte Kontaktstrukturen verbessert werden kann, zeigt folgendes Beispiel: Eine kleine Druckerei mit nur einer Verkäuferin erhält Anfragen von Werbeagenturen und kleinen Unternehmen für die Erstellung von Drucksorten. Die Verkäuferin der Druckerei will die Trefferquote positiv beeinflussen. Um das zu erreichen hat sie eine Veränderung der Prozessschritte im Ablauf eines Geschäftsfalls vorgenommen. Sie hat sich folgende Strategie überlegt: Sie will bei jeder Kontaktmöglichkeit die Erste sein. Das bedeutet: Wenn eine Anfrage eintrifft, wird der Kunde umgehend zurückgerufen. Das Ziel ist, dass der Kunde die Stimme der Verkäuferin als erstes hört, also noch bevor sich die Konkurrenz bei ihm melden kann! Danach wird das Angebot binnen eines Tages erstellt. Der Kunde erhält das Angebot in der Regel vor den Wettbewerbsangeboten. Der Kunde beschäftigt sich als *erstes* mit dem Angebot der Verkäuferin. Und nach einer kurzen Zeit erfolgt bereits das Nachfassen nach Angebotsstellung. Auch hier war es das Ziel der Verkäuferin, die *erste* zu sein, die beim Kunden nachfasst. Das erste Gespräch, das erste Angebot und das erste Nachfassgespräch mit dem Kunden erhöht in diesem Fall die Trefferquote bei gleichem Anfragestand von knapp über 50 Prozent auf 85 Prozent. Vielleicht gibt es auch bei Ihnen einen Prozess, der besser ist als ein anderer. Probieren Sie es einmal in der Praxis aus. Wenn die richtige Zeit, um zum Kunden zu gehen, entscheidend ist, dann können Sie sich klassische Vorgaben machen, die an ein Ereignis gekoppelt sind. Einige Beispiele: Ein Angebot soll innerhalb von 24 Stunden beim Kunden sein. Bei einer Anfrage soll der Kunden Ihre Stimme als erste hören – und nicht die eines Wettbewerbers. Das Nachfassen nach dem Angebot sollte immer innerhalb von 48 Stunden nach Abgabe eines Angebots erfolgen. Diese einfachen Regeln können bereits Ihre Trefferquote verbessern und rasch aus Interessenten Kunden machen.

Machen Sie aus vielen Ihrer Kunden »Supertargets«

Es gibt Kunden, deren Betreuung kaum Aufwand erfordert. In den meisten Fällen macht es Spaß, mit diesen Kunden zusammenzuarbeiten. Dies sind die sogenannten Supertargets. Von all den »besonderen« Kunden, von denen wir bisher gesprochen haben, ist das die Gruppe, die man als die besten unter den wichtigen Kunden bezeichnen kann. Es sind Kunden, über die normalerweise nicht viel gesprochen wird, von denen aber jeder, der lange Zeit im Verkauf arbeitet, einige hat. Wer die Produktivität von Profi-Verkäufern analysiert, erhält viele interessante Anregungen. Diese Zielgruppe schafft es zum Beispiel, sehr viele Kunden ausgezeichnet zu betreuen – häufig bis zu doppelt so viele Kunden wie ein Durchschnittsverkäufer. Für neu im Verkauf stehende Menschen ist es oft unvorstellbar, wie es Profi-Verkäufer schaffen können, so viele Kunden so gut zu betreuen. Genau das ist das Geheimnis der Supertargets.

Wie arbeiten die Profis unter den Profis?

Bevor wir uns den Supertargets zuwenden, sind einige grundsätzliche Überlegungen anzustellen: Das Folgende gilt nur für Kunden, die über einen längeren Zeitraum von Verkäufern betreut werden, und nicht für einmalige Geschäfte. Wer einen Kunden länger betreut, der wird vielleicht schon bemerkt haben, dass eine solche langfristige Betreuung im Laufe der Zeit immer leichter wird. Der Betreuungsaufwand sinkt proportional zur Länge der Betreuung. In extremen Fällen kann das bei einer jahrzehntelangen Betreuung des immer gleichen Kundenstammes bedeuten, dass das Vielfache an Kunden in der gleichen Zeiteinheit betreut werden kann.

Selbst unter Profi-Verkäufern gibt es zwei Gruppen: die eine, die wir Top-Performer nennen, und die andere, die aus den Besten unter den Besten, den »Rain Men«, besteht. Ein Blick in die Kundenportfolios dieser »Rain Men« zeigt, dass sie viele Supertargets betreuen. Die Kunden haben eine andere Zusammensetzung und es sind mehr außergewöhnliche Kunden unter ihnen. Wir nennen diese Kunden Supertargets. Profi-Verkäufer haben viele Supertargets unter ihren Kunden, etwa doppelt bis dreimal so viele wie die Durchschnittsverkäufer.

Abenteuer Verkauf: Wenn Kinder verkaufen – oder: Wie verkaufen wir an unsere besten Kunden?

Ich wohne mit meiner Familie im Osten von Österreich. In unserer Gemeinde gibt es ein Schwimmbad, das meine beiden Töchter schon früh nutzten. Als meine kleine Tochter Johanna sechs Jahre alt war und meine große Tochter Katharina sieben Jahre, erhielten sie ein wöchentliches Taschengeld, mit dem sie ihre Unkosten abdecken sollten. Im Sommer gingen sie tagtäglich in das örtliche Schwimmbad, wo sie sich Kleinigkeiten zu essen kauften. Beide erhielten dabei als Taschengeld den gleichen Betrag. Wenn meiner kleinen Tochter das Taschengeld bereits am Beginn der Woche ausging und sie nach Möglichkeiten suchte, ihr Taschengeld aufzubessern, gab es verschiedene Wege das zu tun. Sie könnte meine Frau fragen, ob sie noch etwas erhält. Meine Frau hätte aber geantwortet, dass das Vergeben von Taschengeld mein Thema sei. Sie könnte zu mir gehen, wo sie die Antwort erhielte, dass sie lernen müsse, mit ihrem Taschengeld umzugehen und hauszuhalten. Sie könnte zu ihrer großen Schwester gehen, um dort aber zu erfahren, dass diese ihr Taschengeld selbst brauchte. Also wohin ging sie tatsächlich? Nicht zu mir, meiner Frau oder ihrer Schwester – sondern zu ihrer Oma. Die Oma ist für meine kleine Tochter ein typisches »Supertarget«. Wenn meine kleine Tochter zu ihrer Oma geht und dort ihr Taschengeld aufbessert, dann erfüllt die Oma alle Eigenschaften eines Supertargets. Die Oma freut sich, die Enkeltochter zu sehen, denn sie erhält selten Besuch. Die Oma gibt das Geld gerne ihrer Enkelin, denn sie glaubt, etwas Gutes zu tun. Die Oma will, dass ihr Enkelkind wiederkommt – denn sie freut sich immer auf ein Wiedersehen. Die Oma will, dass ihre Enkelkinder vorrangig zu ihr kommen, denn sie schätzt die Gesellschaft ihrer Enkeltöchter sehr. Der emotionale Nutzen ist für die Oma sehr hoch, denn die paar Euro, die gegeben werden, sind für die Oma kein Kostenfaktor.

Was ist nun ein Supertarget?

Um ein Supertarget zu sein, müssen einige der folgenden Bedingungen erfüllt sein: *Erstens* muss sich der Kunde freuen, Sie zu sehen. *Zweitens* gibt Ihnen der Kunde gerne sein Geld oder will nur Ihnen einen Auftrag geben. D*rittens* will der Kunde, dass Sie wiederkommen und dass Sie ihn weiter betreuen so wie bisher. *Viertens* will der Kunde nur mit Ihnen und sonst mit keinem anderen zusammenarbeiten. Der Kunde schätzt die Qualität der Beziehung mit Ihnen und will sich die Mühe ersparen, diese Beziehung mit einem anderen Verkäufer aufzubauen. F*ünftens* hat der Kunde das entsprechende Potenzial. Er vergibt große, werthaltige Aufträge oder Geschäfte. *Sechstens* hat der Kunde einen überragenden Nutzen aus der Zusammenarbeit. Das kann ein technischer, psychologischer, persönlicher oder sonstiger Nutzen sein. Der Kunde würde auch Nachteile bei der Produktqualität oder beim Preis in Kauf nehmen, nur um mit Ihnen zusammenzuarbeiten. Supertargets freuen sich, wenn Sie den Verkäufer sehen. Sie laden den Verkäufer zu sich nach Hause ein und stellen ihn ihrer Familie vor. Der Nutzen aus der Beziehung des Verkäufers mit dem Kunden hat für den Kunden einen hohen Wert. Oft ist es lapidar, warum jemand ein Supertarget ist. Der Kunde wohnt ums Eck, Sie treffen ihn häufig und er kann somit leicht betreut werden. Sie kennen den Kunden bereits aus Ihrer Kindheit und er war vor langer Zeit ein enger Freund. Der Kunde erzielt durch den Einsatz Ihrer Produkte in seinem Unternehmen große Erfolge. Der Kunde wird durch Ihre Betreuung erfolgreich. Der Kunde hat ein Faible für ein Hobby, das er mit Ihnen teilt. Dies alles können Beispiele für

Supertargets sein. Im Folgenden sind einige Möglichkeiten angeführt, Supertargets zu kategorisieren.

Personal Fit

Das sind vor allem Kunden, die Sie als Verkäufer gerne sehen, also jene, die sich auf den Besuch, den Kontakt oder auf die Zusammenarbeit mit Ihnen freuen. Hier stimmen die sogenannte persönliche Ebene und die Chemie mit dem Verkäufer. Vertrauen zum Verkäufer ist für den Kunden wichtig. Wenn etwas nicht so gut läuft, möchte er einen Freund haben, der sich um ihn kümmert, ihn bevorzugt behandelt und ihm die Hindernisse aus dem Weg räumt. Der Kunde fühlt sich wohl in Ihrer Gegenwart und will durch Sie betreut werden. Aus diesem Bereich stammen besonders viele Supertargets.

Competence Fit

War es beim Personal Fit das Vertrauen, das der Kunde schätzt, so ist es hier der Respekt, den Ihnen der Kunde entgegen bringt. Hier sind alle Kunden vertreten, die eine hohe Meinung von der Kompetenz des Verkäufers haben und die seine Fachkenntnisse schätzen. Kompetenz und Fachkenntnisse müssen nicht notwendigerweise auf das Produkt oder die Dienstleistung fokussiert sein, die Sie gerade verkaufen. Häufig schätzt der Kunde Kompetenz auch in anderen Bereichen. Wenn ein Sportprofi aus seinem Sportbereich Produkte verkauft, dann wird ihm a priori eine hohe Kompetenz zugeschrieben.

Hierarchie Fit

Wenn Entscheidungsprozesse über viele Hierarchien verteilt sind, dann ist es ein Risiko für den Entscheider, einen neuen Lieferanten ins Haus zu bringen. Ein schlechter Lieferant fällt letztlich auf die Person zurück, die ihn ausgewählt hat. Der Entscheider ist sich sicherer, wenn er eine risikolosere Entscheidung trifft und das ist immer dann der Fall, wenn der neue Lieferant im

Management bereits bekannt ist. Wenn Sie als Verkäufer die wichtigsten Führungskräfte und nicht nur die Personen mit der Einkaufsentscheidung betreuen, dann ist es leichter ins Geschäft zu kommen. Der Grund ist, dass es mehr Anknüpfungspunkte zum Kunden gibt. Kunden, bei denen der Verkäufer die gesamte Hierarchie kennt, haben auch eine bessere Bindung zum Verkäufer und sind über eine längere Zeit ihre Kunden.

Hatten wir bisher das Vertrauen und den Respekt als Treiber für die Supertargets, so ist es hier die Sicherheit.

Logistik Fit

Viele Supertargets befinden sich in unmittelbarer Nähe zum Verkäufer. Wechselt ein Verkäufer zum Beispiel seinen Wohnort, ändern sich auch einige seiner Supertargets. Wir hatten bisher das Vertrauen, den Respekt und die Sicherheit als Motiv des Kunden, mit Ihnen eine besondere Beziehung einzugehen – und so ist es hier die geografische Nähe und die damit verbundenen Kontaktmöglichkeiten. Dieses Phänomen lässt sich so erklären, dass es bei räumlicher Nähe viel mehr Möglichkeiten für Kontaktpunkte mit dem Kunden gibt. Der Kunde wird sich auch mehrfach überlegen, den Verkäufer zurückzuweisen, da er mit ihm ja mehrere Kontaktmöglichkeiten hat und ihn auch in Zukunft immer wieder sehen wird. Die Wahrscheinlichkeit, sich bei räumlicher Nähe zufällig zu treffen, ist um einiges höher als bei entfernt lebenden Kunden. Daher ist eine intensivere Kunden-/Lieferantenbeziehung wahrscheinlich. Kunden, die in der Nähe des Verkäufers leben, sind häufig unter den Supertargets zu finden.

Produkt Fit

Nicht alle Kunden haben den gleichen Nutzen aus den Produkten und Dienstleistungen, die Sie gerade verkaufen. Für manche Kunden sind Ihre Produkte und Dienstleistungen ein »nice-to-have« und für andere ein unbedingtes Muss. Das Hauptmotiv hier ist der Wert Ihrer Produkte, Dienstleistungen, Waren und Beratungen für den Kunden. Sie sind damit wertvoll für den Kunden. Ohne Ihre Produkte, Dienstleistungen, Waren oder Beratungen kann der Kunde vielleicht seine eigenen Kunden gar nicht betreuen und ein Wegfall der für ihn wertvollen Zusammenarbeit würde den Kunden hart treffen. Für alle Kunden, die Ihr Produkt oder Ihre Dienstleistung unbedingt haben müssen, hat Ihr Angebot einen ganz anderen Wert. Und dieser Wert lässt auch Sie als Verkäufer für den Kunden wertvoller erscheinen. Überlegen Sie, bei welchen Ihrer Kunden oder Wunschkunden Ihr Angebot einen überragenden Nutzen stiftet.

Consulting Fit

Der Kunde steht vor einer wichtigen Entscheidung und der Verkäufer kann ihm den wichtigsten Hinweis zur Entscheidungsfindung geben. So gibt es Verkäufer, die als Berater für die unterschiedlichsten Belange herangezogen werden. Ein Verkäufer besucht viele Kunden und erhält dadurch einen Erfahrungsschatz, der nicht zu unterschätzen ist und den einige der Kunden auch nutzen. Verkäufer sind preiswerte Marktforscher für den Kunden, ob es nun auf der Absatz- oder auch auf der Prozessseite ist. Verkäufer verfügen häufig über ausgezeichnete Kenntnisse in ihren Märkten und kennen die Abläufe und Prozesse bei vielen ihrer Kunden. Sie haben dadurch häufig das Know-how von Branchenberatern. So kann es sein, dass die Beratung durch den Verkäufer mehr Wert für den Kunden hat, als der Wert aus dem Verkauf der Ware oder Dienstleitung.

Reziprozität Fit

Der Reziprozität Fit ist der am schwierigsten zu beschreibende Zugang zu den Supertargets. Dabei geht es um Gegenseitigkeit. Es geht hier um gegenseitiges Helfen. Viele Kunden empfinden es als eine Pflicht, etwas zurückzugeben, wenn der Verkäufer etwas für sie getan hat. Vor allem bei langen Beziehungen gibt es Dinge, die für den Kunden getan werden, die über die normale Geschäftsbeziehung hinausgehen. So kann es vorkommen, dass der Kunde ein Liquiditätsproblem hat und Sie ihm mit einem kurzfristigen Lieferantenkredit aus der Klemme helfen. Das ist eine »Rabattmarke«, die beim Kunden gezogen wird. Im Laufe Ihrer Betreuung werden einige Rabattmarken an die Kunden vergeben und die Kunden mit vielen Rabattmarken sind häufig Supertargets.

Image Fit

»Wir produzieren Produkte, die niemand braucht, die aber jeder haben will!«, lautet der berühmte Spruch eines Sportwagenbauers. Es gibt Kunden, die mehr kaufen als sie tatsächlich benötigen oder die nur deshalb kaufen, weil das Image des Verkäufers oder des Produkts sie überzeugt. Das sind ganz besondere Kunden. So ist die Zusammenarbeit mit Ihnen für sie ein Imagefaktor. Das Motiv ist hier eine Form von Anerkennung, die sich der Kunde durch den Kauf Ihrer Produkte oder Dienstleistungen erkauft.

Was nicht passieren darf im Umgang mit den Supertargets, ist die Frühstücksdirektorei, also die Konzentration auf die Betreuung jener Kunden, die wenig Potenzial haben. Unter den Supertargets sollen nach Möglichkeit keine Kunden sein, die kein oder wenig Potenzial haben. Daher ist es wichtig, dieses Thema erst im *vierten Faktor* zu behandeln. So können Sie es vermeiden, dass ein potenzialschwacher Kunde zum Supertarget wird. Der Effekt, den man durch das Betreuen von Supertargets erzielt, ist, dass die Trefferquote besser wird. Wenn der Fit passt, können bis zu doppelt so viele Geschäfte pro Zeiteinheit gemacht werden. Konkret heißt das, dass sich der Arbeitsaufwand pro Geschäft, pro Bestellung und pro Auftrag verringert, wenn Sie viele Supertargets zu Ihren Kunden zählen. Der Effekt ist umso größer, je mehr und je öfter Sie diese Kunden besuchen. Ein Verkäufer mit vielen Supertargets kann bei gleichem Aufwand ein Vielfaches an Geschäftsvolumen generieren. Vor allem die »Rain Men«, also jene 3 Prozent der Verkäufer, die überdurchschnittlich leistungsfähig sind und die den Erfolg nachhaltig über viele Jahre halten können, haben viele Supertargets unter Ihren Kunden, die sie auch häufiger besuchen. Kein Wunder, dass sie im Schnitt doppelt so viele Geschäfte wie die Durchschnittsverkäufer der Branche machen. Wer viele Supertargets unter seinen Kunden hat, kann mit weniger Kunden mehr Erfolg erzielen und steigert somit die Kundenproduktivität.

Wie entstehen Supertargets? Wenn ein Unternehmer ein Einmannunternehmen gründet und seine ersten Kundenbeziehungen aufbaut, dann steckt meistens sehr viel Herzblut in den Kundenbeziehungen. Der Unternehmer kennt seine Kunden und die Kunden vertrauen dem Unternehmer immer mehr. Wenn das Unternehmen wächst und größer wird und der

Unternehmer immer mehr Kunden betreut, kommt der Punkt, dass der Unternehmer die Kunden aus Kapazitätsgründen nicht mehr betreuen kann. Dann passiert es, dass die Kunden von Verkäufern betreut werden und die vertriebliche Produktivität plötzlich sinkt. Der Aufwand, den die Verkäufer benötigen, um die Kunden zu betreuen, steigt häufig auf das Doppelte und Dreifache. Die ersten Kunden waren für den Unternehmer Supertargets, für die Verkäufer sind sie einfache Kunden.

Beziehungen verbessern Ihre Quoten

Die Trefferquote ist in der Regel zwischen eins und drei, wenn eine gute persönliche Beziehung zum Kunden vorhanden ist. Das heißt maximal bei jedem dritten Vorschlag, bei jedem dritten Angebot sagt der Kunde zu. Beim »beziehungslosen« Verkaufen erkennen wir, dass die Trefferquoten im Durchschnitt deutlich niedriger sind. Das ist an sich eine logische Sache und darf uns nicht weiter verwundern. Kunden machen eben lieber Geschäfte mit Menschen, denen sie vertrauen, die sie kennen und schätzen.

Im Folgenden soll aufgezeigt werden, wie bestimmte Beziehungen die Verkaufsquoten verbessern.

Top Beziehungen aufbauen

Was wünschen Sie sich bei der Neukundenakquisition? Nehmen wir ein Beispiel: Was wünscht sich ein typischer Akquisiteur, dessen Aufgabe es ist, ständig neue Kunden zu gewinnen? Der Traum beginnt damit, dass der neue Vorstandsvorsitzende dem Verkäufer sein Unternehmen zeigt. Er führt ihn in das Unternehmen ein, er stellt dem Verkäufer die wichtigsten Personen im Unternehmen vor, angefangen von den Direktoren bis hin zu den wichtigen Technikern und Einkäufern. Er stellt die wichtigsten Erstkontakte her und vermittelt in den Gesprächen. Und zum Abschluss des Gesprächs sagt der neue Vorstandsvorsitzende: »Wenn Sie irgendwo Probleme haben, melden Sie sich bei mir.« Mehr kann man sich bei einem neuen Kunden nicht wünschen. Das ist das Wunschdenken, doch wie sieht die Realität aus. Der Akquisiteur versucht mit Mühe, einen Termin beim Techniker zu bekommen. Dieser vertröstet ihn. Er hat schon Vieles unternommen, sogar ein Kaltbesuch war schon dabei. Es war aber unmöglich, mit dem Kunden zusammenzukommen, und Lobbying über einen Bekannten funktioniert ebenfalls nicht. Er kommt einfach nicht an den Kunden heran. Der Wunschtraum wäre es, einfach und unkompliziert an seinen Kunden heranzukommen und einfach die Chance zu bekommen, den Verkaufsprozess zu starten und loszulegen. In vielen Fällen ist es sinnvoll, den Verkaufsprozess ganz oben zu starten, nämlich bei den Geschäftsführern, Vorständen, Eigentümern oder Direktoren.

Von oben nach unten arbeiten

Wer direkt an oder mit dem Top-Manager als Türöffner verkaufen will, wird sich früher oder später bewusst werden, dass ein Verkaufen an diese Zielgruppe anders abläuft als man es vielleicht bisher gewohnt war. Der Vorteil wird jedem schnell klar. Wenn ein Verkäufer direkt zur Führungspersönlichkeit vorstoßen kann, werden im Unternehmen plötzlich alle Tore geöffnet, denn der Verkäufer kommt ja von ganz oben, vom Chef. Es wird einiges erleichtert auf dem Weg zum Geschäftserfolg. Doch die entscheidende Frage in dem Zusammenhang ist, wie man es schafft, zu dieser Zielgruppe zu gelangen.

Auf Augenhöhe Gespräche führen

Ein Verkäufer muss wissen, wer die Entscheidung trifft. Wer an eine Familie verkauft, muss wissen, wer in der Familie entscheidet. Das gleiche gilt auch beim Verkaufen an Unternehmen. Eines ist klar: Wer einen Kontakt zur einer Top-Position in der Hierarchie des Kunden hat – wie zum Beispiel zum Vorstand, Geschäftsführer oder zu einem Direktor –, für den eröffnen sich neue Dimensionen im Verkaufen. Wie wird an Menschen verkauft, die in der Rangordnung im Geschäftsleben auf einer höheren Stufe stehen? Wie kann hier gepunktet werden? Und wie schaffen Sie es, diese Augenhöhe zu erreichen? Wer ein technisches Produkt an einen Techniker verkauft, der wird möglichst viel mit Zahlen, Daten und Fakten agieren. Das heißt, die Gespräche werden anders sein. Wer an einen Manager verkauft, der wird dem Manager oder Direktor erklären müssen, wie eine Implementierung funktioniert. Hier sind die Gespräche geprägt durch gute organisatorische Kenntnisse, um den Direktor überzeugen zu können. Aber wer an die Top-Ebenen verkaufen will, wird anders lernen müssen. Er muss die Sprache von Beratern lernen.

Top-Manager als Kunden agieren wie einsame Katzen

Wann haben Sie die Chance, in die Top-Ebenen der Top-Kunden zu kommen? Dazu müssen Sie einige Dinge wissen. Erstens, der Top-Kunde ist einsam. Es gibt viele Entscheidungen, die der Top-Manager zu treffen hat und die er mit niemandem im Unternehmen besprechen kann. Doch der Einsame an der Spitze braucht jemanden, mit dem er Dinge besprechen kann, die ihn belasten und bei denen er eine praktikable Lösung sucht. Der Kunde entscheidet, ob er mit Ihnen sprechen will oder nicht. Das ist ein großer Unterschied zu anderen Ansprechpartnern. Wird zum Beispiel Druck auf den Kunden ausgeübt, wird es chancenlos. Daher agiert der Top-Kunde wie eine Katze. Warum? Eine Katze kann man nicht abrichten, eine Katze entscheidet, ob sie zu einem kommt oder nicht. Bei einer Katze muss sich der Mensch die Liebe verdienen. Wenn sich der Besitzer der Katze schlecht verhält, dann geht die Katze, und nur wenn sie kommen will, kommt sie. Das bedeutet für unser Vorgehen, dass es kein Verkaufsgespräch wie bei einer normalen Akquise geben kann, sondern dass der Kunde den Weg zum Verkäufer finden soll. Der Kunde soll anfragen. Und jetzt die Retourfrage: Was bieten Sie so Tolles an, dass der Kunde sich gerade an Sie wendet? Wenn Sie jetzt zu lange mit einer Antwort überlegen, dann müssen Sie noch einige Hausaufgaben machen. Eine der Spielregeln im Verkaufen ist es zu wissen, was der Top-Manager will. Eine Person, die absolute Verantwortung über das eigene Handeln übernimmt, will als Ansprechpartner jemanden, der Dinge fixiert und erledigt, wenn sie schief laufen, und er will keine Probleme haben. Genau dieses Versprechen zu vermitteln ist eines der wichtigsten Dinge beim Verkaufen an Top-Manager. Ein weiterer Punkt ist das Auf-dem-Laufenden-Halten über den Stand der Dinge. Auch wenn etwas schief läuft, will der Top-Manager das immer wissen. Zudem möchte er immer eine Lösung dazu finden und eine klare Verantwortung. Egal, was Sie verkaufen: Je höher Sie beim Kunden einsteigen, desto leichter wird das Verkaufen. Verkäufer, die Top-Entscheider beim Kunden kennen, verkaufen mehr. Der Kontakt zu den Top-Entscheidern verringert die Bemühkosten beim Kunden.

Dreiecksbeziehungen aufbauen

Es gibt Kunden, die man als Verkäufer unter keinen Umständen verlieren möchte. Ein möglicher Weg, diese Kunden besser zu binden, ist der Aufbau von Dreiecksbeziehungen. Wenn Sie im zweiten Faktor Ihre Kunden in unterschiedliche Kategorien sortiert haben (zum Beispiel in Potenzialkunden, Top-Kunden, Zielkunden, Standardkunden, geografisch optimale Kunden, sympathische Kunden, Entwicklungskunden und dergleichen mehr), dann können Sie sich überlegen, welche der Kunden durch Dreiecksbeziehungen abgesichert werden können. Doch was ist eine Dreiecksbeziehung? Bei einer Dreiecksbeziehung haben Sie nicht nur den Kontakt zu den Entscheidern beim Kunden, sondern auch zu einer Person, die der Kunde gut kennt und zu der ein Kunde, genauso wie Sie, eine gute Beziehung hat. Vor allem bei großen Kunden wird diese Art der Beziehungsabsicherung gerne eingesetzt. Wenn dann in einer Kundenbeziehung ein Kunde quasi von zwei Seiten betreut wird, ist es für den Kunden schwerer, den Lieferanten zu wechseln.

Konzentration auf Stärken

Die meisten Verkäufer sind nicht in allen Bereichen gleich gut. Jeder von uns hat ein Bündel von Fähigkeiten und Talenten, die andere überragen. Die Trefferquote wird verbessert, wenn Sie sich auf Ihre Stärken im Ablauf eines Verkaufs konzentrieren. Das gilt vor allem in psychologischen Bereichen, wie beim Durchsetzungsvermögen und der Kontaktfähigkeit. Aber diese Stärken gibt es auch bei der Produktivität. Einige Bereiche gehen leichter von der Hand als andere. Es gehört zum Handwerkszeug eines Verkäufers, seine eigenen Stärken produktiv zu machen und seine Schwächen unwesentlich. Wer sich auf seine Schwächen konzentriert, der kann höchstens mittelmäßig werden. Der Fokus sollte immer auf die eigenen Stärken gelegt werden. Doch dieses Konzentrieren auf Stärken sollte kein

Ausschlussverfahren sein. Wenn ein Herzchirurg an einen Unfallort kommt, wird er Erste Hilfe leisten, auch wenn das nicht seine Stärke ist. Aber das soll keine Ausrede für unprofessionelles Verhalten sein. Ein professioneller Verkäufer setzt seine Stärken ein und er erledigt seinen Job ungeachtet seiner augenblicklichen Befindlichkeiten.

Tipps von Profi-Verkäufern

1. Erstellen Sie ein Profil von Supertargets. Welches Kriterium lässt einen Ihrer Kunden zum Supertarget werden? Welche Arten von Supertargets sind bei Ihnen generell möglich? Warum ist die Beziehung zu diesen Kunden anders?
2. Erstellen Sie eine Liste der Supertargets und vergleichen Sie diese Liste mit Ihren Gesamtkunden. Setzen Sie sich Ziele, wie viele Supertargets Sie in Zukunft betreuen wollen.
3. Wie haben Sie bisher mit Supertargets zusammengearbeitet? Beschreiben Sie Muster und Strukturen. Vielleicht sind die Muster und Strukturen auch bei anderen Kunden anwendbar.
4. Sichern Sie Ihre besten Kunden durch Dreiecksbeziehungen ab.
5. Sichern Sie die besten Kunden durch Beziehungen zum Top-Management ab.
6. Zählen Sie die Kunden, bei denen Sie Beziehungen zum Top-Management haben. Überlegen Sie sich, wie Sie diese Beziehungen weiter ausbauen können.

Kapitel 13

Der elfte Schlüssel: Den Deal Flow beschleunigen

Spitzenverkäufer können quer über viele Branchen nicht nur *größere* Geschäfte abschließen, sondern sie sind auch in der Lage nahezu *doppelt so viele* Geschäfte mit ihren Kunden abzuschließen als andere Verkäufer. Jeder, der in der gleichen Zeit das Doppelte von dem bearbeitet, was andere schaffen, arbeitet rationeller. Der Deal Flow ist ein bei Verkäufern häufig unterschätztes Thema. Dabei geht es einfach darum, möglichst viele Geschäfte in einer gewissen Zeiteinheit abzuwickeln. So ist der Deal Flow in einer Händler- und Agentenbetreuung der Bestellfluss und die Bestellmenge der Kunden, im Produktverkauf die Anzahl der abgewickelten Aufträge und im Projektverkauf die Anzahl der abgewickelten Projekte.

Die Geschwindigkeit des Durchlaufs von Verkaufsakten und Geschäften ist ein wichtiger Teil des vierten Faktors und wenn es Ihnen als Verkäufer gelingt, zu rationalisieren und den Durchfluss zu beschleunigen, dann kann in der gleichen Zeiteinheit tatsächlich mehr verkauft werden.

Das Richtige optimieren

Wenn der Anteil von Vertriebskosten an den Gesamtkosten eines Unternehmens nur 3 Prozent beträgt und das Unternehmen die gesamte Energie dazu einsetzt, diese 3 Prozent zu optimieren, dann können die 3 Prozent leicht verbessert werden, aber die Auswirkung auf die gesamte Kostenstruktur im Unternehmen bleibt gering. Rationalisieren macht daher nur Sinn, wenn auch genügend Substanz vorhanden ist. Den Deal Flow können Sie nur dann beschleunigen, wenn Sie genügend Deals zur Verfügung haben. Das ist vor allem ein Thema für Verkäufer, deren Arbeitslast hoch ist.

Den Aufwand jedes einzelnen Geschäftsaktes reduzieren

In diesem Schlüssel geht es darum, den Aufwand der Kundenbetreuung zu rationalisieren. Und rationalisieren heißt für uns ganz schlicht und einfach, dass wir die Arbeit, die das Verkaufen erfordert, verringern. Der Aufwand und die Arbeit, von der wir hier sprechen, ist der Aufwand beim Bearbeiten eines Geschäftsaktes oder eines Verkaufs. Je geringer der Aufwand für Sie ist, umso rationeller sind Sie.

Wie weit kann dabei das Reduzieren von Aufwand in der Kundenbetreuung gehen? Die Kunden kommen von alleine und bestellen nebenbei. Machen Sie die gesamte Vertrags- und Auftragsabwicklung selbst! Das ist natürlich nur in den wenigsten Fällen möglich. Was aber möglich ist, ist Zeit und Aufwand in der Bearbeitung von Geschäftsfällen einzusparen.

Verringern Sie den Manipulationsaufwand

Stellen Sie sich eine zentrale Frage: Welche 20 Prozent der Kunden verursachen 80 Prozent der Probleme und welche 20 Prozent Ihrer Kunden verursachen 80 Prozent des Manipulationsaufwands, den Sie in der Abwicklung mit Ihren Kunden haben? Eine einfache Liste kann Klarheit schaffen. Es ist die Liste der »schwierigen Kunden«. Schreiben Sie sich Ihre Kunden in eine Rangreihe. Beginnen Sie mit den Kunden, bei denen Sie den größten Aufwand in der Abwicklung haben. In einem weiteren Schritt schreiben Sie sich eine weitere Rangreihenfolge mit Kunden auf, in der Sie festhalten, wo Sie derzeit mit den größten Problemen zu kämpfen haben. Welche Kunden sind in den beiden Listen an den ersten Plätzen? Wenn Sie Kunden haben, die in beiden Listen an den ersten Stellen stehen, dann sind das Ihre komplizierten und schwierigen Kunden.

Sehen Sie sich nun das Ende dieser Listen an. Dort sehen Sie die Kunden, bei denen Sie einfach und unkompliziert mit wenig Mühe verkaufen.

Wenn Sie sich dazu auch noch den Zeitbedarf bei den Kunden am Beginn und am Ende der Liste ansehen, dann sehen Sie genau die Kunden, bei denen Sie einen hohen Deal Flow haben können. Mühsame Kunden kosten Sie Energie und die Frage, die sich stellt, ist, ob Sie diese Energie nicht auch anders verwenden können.

Dringendes zuerst – nichts anbrennen lassen

Das klassische Zeitmanagement lehrt uns, immer zwischen dringenden und wichtigen Aufgaben zu unterscheiden. So ist es unter normalen Umständen so, dass viele Menschen Dringendes vorrangig erledigen und für das Wichtige oft keine Zeit bleibt. Daher ist in erster Linie das Dringende und Wichtige zu bearbeiten. Viele dringende Themen im Vertrieb werden aber von vielen Menschen als unangenehm empfunden. So wird unter diesen oder ähnlichen Bedingungen das Dringende nicht bearbeitet. Beim Verkaufen macht es durchaus Sinn, sich in bestimmten Phasen des Verkaufens auch vorrangig mit dem Dringenden zu beschäftigen. Das gilt natürlich nicht für alle Aufgaben, aber es gilt an zwei Punkten im Verkaufsprozess, nämlich wenn es erstens um Anfragen und zweitens um das Finale bei einem Verkauf geht. Das Dringende wird hier wichtig und gehört vorrangig bearbeitet. Wenn Sie eine Chance sehen, dann ist es wichtig, sich voll auf sie zu fokussieren. Stellen Sie sich vor, Sie sind Skirennläufer und trainieren das ganze Jahr über, fahren hunderte und tausende Kilometer an Trainingsabfahrten und dann, am Tag des Rennens, erscheinen Sie einfach nicht. Sie haben keine Zeit. Das ist undenkbar.

Viele Verkäufer sind sehr aktiv, wenn sie neue Kontakte aufbauen und Chancen eröffnen. Oft fragt der Kunde an und er erhält keine Antwort oder er muss lange auf das Angebot warten. Wenn er das Angebot erhalten hat, hört er nichts mehr von Ihnen. Viele, vor allem gut beschäftigte Verkäufer, lassen viele Chancen am Ende einfach liegen. Viele Verkäufer haben täglich eine oder mehrere dringende Aufgaben zu erledigen. Das sind vor allem alle Arten von Anfragen, die von den Kunden kommen. Machen Sie sich klar, dass diese Anfragen Geschenke sind, die Sie sofort anpacken und auf die Sie entsprechend reagieren müssen.

Nutzen Sie den Qualitätshebel

Stellen Sie sich vor, Sie legen 100 Angebote bei Kunden pro Jahr und Sie haben eine Trefferquote von 80 Prozent. Das bedeutet, Sie erhalten 80 Aufträge von den Kunden. Wenn Sie jedoch eine Trefferquote von nur 20 Prozent haben, dann haben Sie den Aufwand bei der Erstellung der 100 Angebote bereits gehabt, erhalten aber nur 20 Aufträge. Um auf die gleiche Anzahl von Aufträgen zu kommen wie im ersten Fall, müssen 400 Angebote geschrieben werden. Sie sehen an diesem einfachen Beispiel, dass hier eine gewaltige Verschwendung von Ressourcen stattfindet, die durch konsequentes Fokussieren auf die Qualität vermieden werden kann. Hier können die Qualitätshebel zur Anwendung kommen. Wer seine eigenen Zahlen in dieses Qualitätsspiel einbringen will, sollte auch den Test mit einer Preisreduktion machen. Angenommen Sie reduzieren den Preis um 5 Prozent und erreichen eine 20 Prozent höhere Abschlussquote – wie verändert sich Ihr Ergebnis? Oder wie kann durch konsequentes Nachfassen die Abschlussquote verbessert werden?

Idealkunden

Wer sind jetzt Ihre Idealkunden: sind es große, mittlere oder kleine? Sind es einige wenige oder sind es viele? Sind es Kunden, die einmalig kaufen oder Kunden, die öfter kaufen? Sind es die bekannten Imagekunden oder die weniger bekannten Kunden? Sind es Kunden, bei denen Sie mit den Einkäufern Kontakt haben, oder Kunden, bei denen Sie mit den Eigentümern verhandeln? Nach einigen Analysen sollten Sie in der Lage sein, Ihre Idealkunden zu beschreiben. Dieses Bild des Idealkunden soll Sie vor allem bei der Auswahl von Neukunden leiten.

Tipps von Profi-Verkäufern

1. Wie viele Geschäfte, Aufträge und Projekte können Sie in einer Zeiteinheit sinnvoll bewältigen? Betrachten Sie die letzen Monate.

2. Legen Sie fest, wie viele Deals Sie in einer Zeiteinheit machen wollen.
3. Reduzieren Sie den Anteil von schwierigen Kunden an den Gesamtkunden.
4. Erstellen Sie ein Idealkundenprofil. Beachten Sie dieses Profil, wenn Sie neue Kunden akquirieren.

Am Ende des vierten Faktors sollten Sie in der Lage sein, jeden einzelnen Ihrer Verkaufsakte oder Geschäftsfälle zu optimieren. Ob es nun die Prozesslänge ist, der Arbeitsaufwand oder die Zeit, die Sie mit dem Kunden verbringen – es gibt meistens einen oder mehrere Ansatzpunkte, um besser zu verkaufen. Wichtig ist es, den vierten Faktor bei einem Kunden erst nach den ersten drei Faktoren auszuführen. Damit haben Sie die Gewähr, dass Sie das Richtige optimieren.

Kapitel 14

Der zwölfte Schlüssel: Den persönlichen Verkaufsprozess verkürzen

Mit immer weniger Aufwand
die Kunden betreuen.

»Wer vier Schritte macht, wo nur drei notwendig wären, der ist auch zu anderen Schlechtigkeiten fähig«, lautet ein Sprichwort. Das Phänomen, das in diesem Kapitel beschrieben wird, ist das Auslassen von »notwendigen« Aktivitäten, also nicht das Weglassen von unwesentlichen administrativen Themen, sondern das Verringern von Aufgaben, die normalerweise als notwendig erachtet werden. Das hat nicht mit Faulheit zu tun. Das Verkürzen bedeutet, im eigenen Verkaufsprozess einige Phasen oder Schritte auszulassen und somit rascher zum Verkaufserfolg zu gelangen. Die Voraussetzung dabei ist, die Qualität des Verkaufens nicht zu verschlechtern. Der Nutzen aus dieser Maßnahme ist klar. Sie ersparen sich vertriebliche Arbeit. Was wir hier als Methode einsetzen, ist das Rationalisieren und Entrümpeln von Tätigkeiten. Dieser Schlüssel ist für neue Verkäufer ungeeignet und kann auch nicht am Beginn eines Marktaufbaus stehen, sondern erst, wenn Sie eine solide Kundenbasis Ihr Eigen nennen können, wird dieses Thema für Sie interessant. Gute Verkäufer können mit immer weniger Arbeit Ihre Kunden betreuen.

Bessere Qualität durch mehr Aktivität

Etwas, das kaum beachtet wird, ist die Tatsache, dass alleine eine hohe Aktivität bereits für Qualität verantwortlich ist. Der Nobelpreisträger, der seinen Nobelpreis für die erste Nierentransplantation erhielt, beantwortete die Frage nach den Gründen für seinen Erfolg mit dem folgenden Argument: »Ich mache einfach die meisten Operationen, daher habe ich die meiste Erfahrung und Übung. Daher traue ich mir auch schwierigere Dinge zu.« Und wenn es irgendwo zehn Verkäufer gibt, dann gibt es immer einen, der einfach mehr macht. Wenn Sie neu im Verkauf sind, wird Ihnen dieser Tipp nicht viel nutzen, aber selbst dann oder wenn Sie einen neuen Markt aufbauen, wird Ihr Chancenpotenzial erhöht. Dadurch steigt auch Ihr Wunsch- und Idealkundenpotenzial und dadurch verbessert sich die Trefferquote. Das ist der Grund, warum Sie besser sind, wenn Sie mehr machen.

Nutzen Sie den Fahrstuhleffekt

Ein Accountmanager einer Werbeagentur hat gerade einen neuen Kunden an der Angel. Er versucht, ihn zu überzeugen, sein Werbebudget für die nächste Produkteinführung an die Agentur des Accountmanagers zu vergeben. Der Kunde wird in die Agentur eingeladen, es werden drei verschiedene Kampagnen auf einem hohem Niveau für diese neue Produktlinie entwickelt und es wird eine vierstündige Präsentation beim Kunden vereinbart, bei der sowohl der Eigentümer als auch das Kreativteam und der Accountmanager beim Kunden ihr Bestes geben. Eine Kampagne wird in die engere Wahl genommen und der Kunde hat einige Änderungswünsche vorgetragen. Es wird ein weiterer Termin für eine erneute Präsentation vereinbart und das Kreativteam versucht, die Änderungswünsche des Kunden in den Entwurf der Werbelinie der Produkteinführung einzubauen. Dieser Prozess ist teuer, kostet Kraft und Energie und die Agentur hat keine Gewissheit, den Auftrag auch zu erlangen. Nehmen wir jetzt einen weiteren Fall: Der Kunde hat großen Respekt vor der Leistung der Werbeagentur, er glaubt, dass der Accountmanager das Kundeninteresse vollkommen versteht und der Aufwand für den Kunden, zusätzlich mit einer anderen Agentur zusammenzuarbeiten, zu hoch ist. Der Kunde glaubt weiter, dass die Werbeagentur genug kreatives Potenzial hat, eine optimale Werbelinie für die Produkteinführung zu erstellen. Der Accountmanager erhält einen Blankoscheck für das Projekt. Wenn Sie die beiden Fälle vergleichen, dann sehen Sie, welche Unterschiede im Aufwand vorhanden sind. Und die zentrale Frage ist: Was macht diesen Unterschied aus? Der

Unterschied ist das Vertrauen und der Respekt, den der Kunde dem Accountmanager entgegenbringt. Je mehr Respekt vorhanden ist, desto geringer ist der Aufwand.

> Profi-Verkäufer können notwendige Aktivitäten reduzieren, ohne dass der Verkaufserfolg darunter leidet.

Wenn es möglich und umsetzbar ist, nutzen Sie den Fahrstuhleffekt beim Verkaufen. Dieser Fahrstuhleffekt bedeutet nichts anderes, als dass Sie in einem mehrstöckigen Haus, bei dem jedes Stockwerk für eine Aufgabe steht, die Sie näher zum letzten Stock – also zum Auftrag – bringt, per Fahrstuhl einfach durch die Stockwerke fahren, bis zum letzten Stock, ohne einmal stehen zu bleiben. Wenn der Kunde Respekt und nicht nur Vertrauen hat, dann ist das möglich. Der Fahrstuhleffekt ist also das Überspringen einer oder mehrerer Phasen beim Verkaufen. Das Abkürzen der gängigen Prozesse hat den Vorteil, den Aufwand der Kundenbetreuung zu reduzieren, und es erlaubt Ihnen, weit mehr Kunden zu betreuen, als wenn Sie mit jedem Kunden alle Phasen einzeln abarbeiten. Daher sollten Sie sich folgende Frage stellen: Welche Kunden haben Respekt vor Ihnen? Und bei wie vielen Kunden gelingt es Ihnen, diesen Effekt zu nutzen? Respekt kommt nicht von heute auf morgen. Es ist ein Prozess, den Sie einleiten können, und dieser Respekt hängt viel mit Ihrer Selbstvermarktung und den bisherigen Erfahrungen des Kunden zusammen.

Kurze Prozesse

Kurze Verkaufsprozesse sind längeren im gleichen Produktmarkt in der Regel überlegen. Schreiben Sie sich den Prozess Ihres Verkaufs an unterschiedliche Kunden auf und vergleichen Sie die einzelnen Verkaufsprozesse miteinander. Gibt es Auffälligkeiten oder Gemeinsamkeiten? Gibt es Kunden, bei denen nicht alle Prozessschritte notwendig sind? Wenn ja, bei welchen Kunden? Ist es zumindest in einem ersten Schritt möglich, den kürzeren Prozess auch bei anderen Kunden umzusetzen? Wenn das ohne Verlust an Ergebnissen möglich ist, versuchen Sie in Zukunft bei möglichst vielen Kunden diesen neuen und kürzeren Prozess umzusetzen.

Bessere Bedarfsanalysen

Ein schönes Beispiel zur Verbesserung des Projekt- oder Auftragsflusses – also des Deal Flows – zeigt uns ein Verkäufer, der im Objektgeschäft tätig ist und Büromöbel und -konzepte an seine Kunden verkauft. Nach einer ersten Analyse benötigt ein Verkäufer gemeinsam mit seinen Consultants in der Regel fünf Bedarfsanalysen, um einen Auftrag zu erhalten. Zusätzlich werden für den Kunden sieben Angebote erstellt, bis der Auftrag im Haus ist. Als eine bessere Bedarfsanalyse zu Beginn des Prozesses durchgeführt wurde, wurde auch der Aufwand im gesamten Prozess verringert. Es wurde erreicht, dass nur mehr drei Bedarfsanalysen notwendig waren und auch die Anzahl der Angebote reduziert werden konnte. Rechnet man die Arbeitszeit auf das ganze Jahr hoch, so wird dadurch der Arbeitsaufwand um 20 Prozent verringert. Dadurch kann der Verkäufer ein Fünftel seiner Arbeitszeit in neue Projekte investieren.

Tipps von Profi-Verkäufern

1. Analysieren Sie, ob Sie schon einmal bei der Erlangung eines Auftrags Prozessschritte ausgelassen haben und den Auftrag, das Projekt, das Geschäft trotzdem machen konnten.
2. Welche Schritte waren das? In welchen Situationen können Sie einzelne Schritte auslassen, ohne dass das Ergebnis leidet? Sind es immer die gleichen oder immer andere? Ist das generell der Fall oder nur bei gewissen Produkten und Dienstleistungen?
3. Reduzieren Sie konsequent die überflüssigen Schritte.

Am Ende dieses Kapitels sollten Sie in der Lage sein, Ihre eigene Qualität in der Betreuung der Kunden zu messen und in der Folge zu verbessern. Der zweite wichtige Punkt ist es, bei den wichtigen Kunden die Prozesse zu verkürzen und in der Lage zu sein, in der gleichen Zeit mehr Geschäfte abzuschließen, da Sie rascher und unkomplizierter verkaufen. Je rascher Aufträge, Anträge und Angebote oder Gespräche mit dem Kunden abgewickelt werden können, umso rationeller wickeln Sie Ihr gesamtes Verkaufsgeschäft ab.

Der fünfte Faktor

Geplante Aktivitäten

Planen und Ziele erreichen – Selbstwirksamkeit – Sich selbst führen

Wer ist der weltweit bekannteste Verkäufer? Über welchen Verkäufer wurde in Büchern und in Filmen am häufigsten berichtet? Welche Person wurde zum Synonym des Verkäufers schlechthin?

Wenn Verkäufern diese Frage gestellt wird, dann wird der Name Willy Loman mit Abstand am häufigsten genannt. Willy Loman war ein Handlungsreisender, der nicht mehr fähig war, für seinen Lebensunterhalt aufzukommen. Er spielte die Hauptrolle im Drama *Tod eines Handlungsreisenden* von Arthur Miller aus dem Jahr 1949. Da diese Tragödie zwischen 1951 und 2000 mehrmals verfilmt wurde, sind auch die Filme, in denen Willy Loman von Frederic March, Dustin Hoffmann oder Heinz Rühmann dargestellt wurde, unter den Verkäufern sehr bekannt. Das Drama beschreibt den »Fluch des Vertriebs«: Ein Verkäufer wird in jungen Jahren erfolgreich, aber im Alter erfolglos. Die Erfolglosigkeit des Handlungsreisenden Willy Loman wird mit seiner Lebenslüge »mehr Schein als Sein« bekämpft. Das Drama endet nach dem Selbstmord von Willy Loman.

Als die zweitbekannteste Verkäuferfigur in der Filmgeschichte wird Charlie Babitt, gespielt von Tom Cruise in *Rain Man* genannt. Dieser mit mehreren Oskars ausgezeichnete Film ist ebenfalls ein Drama, in dem der Autoverkäufer Charlie Babitt, der eitel und selbstverliebt krumme Geschäfte macht, erst durch seinen autistischen Bruder, gespielt von Dustin Hoffmann, von seiner »Lebenslüge« befreit wird.

Der drittbekannteste Film, der zwar etwas abgeschlagen rangiert, ist – Sie ahnen es – wieder ein Drama. Diesesmal mit Robert de Niro, der einen erfolglosen Verkäufer von Jagdmessern spielt. Auf den weiteren Plätzen in der Bekanntheitsskala folgen eine Reihe von Filmen, in denen Verkäufer als geldgierige und skrupellose Investmentbanker gezeigt werden.

Den mit Abstand radikalsten und auch tragischsten Ansatz zur Beschreibung eines Verkäuferlebens finden wir in Franz Kafkas Buch *Die Verwandlung*. Der Protagonist ist der Handelsreisende Gregor Samsa, der eines Tages aus seinen unruhigen Träumen aufwacht und sich in der Gestalt eines menschengroßen Ungeziefers wiederfindet. In dem Buch wird das Verhältnis von Gregor zu seinem Beruf als fahrender Tuchverkäufer aufgearbeitet. Der Umgang mit den Kunden, den er als unherzlich erlebt, belastet ihn und nimmt ihn völlig in Anspruch. Nach seiner Verwandlung zum Insekt erfährt er die Mühsal und die Ablehnung, die er zuvor von seinen Kunden erhalten hatte, von seiner unmittelbaren Umgebung. Jeder, der mit dem »Ungeziefer« Kontakt hat, will es wieder loswerden: zuerst der Arbeitgeber, dann auch die Familie. Franz Kafka zeigt die Erniedrigung als Teil des Berufs und die schlimmsten Auswirkungen, das Gefühl, auf dieser Welt keinen Platz zu haben, ein Ungeziefer zu sein, in keiner sozialen Umgebung willkommen zu sein und von niemandem geliebt zu werden.

Millionen von Menschen haben die Bücher gelesen und die Filme gesehen. Das Bild des Verkäufers, das seit fünfzig Jahren in die Welt getragen wurde, ist eindeutig negativ besetzt und damit schon die Frage wert: Was steckt hinter diesem Image, was steckt hinter diesen Vorurteilen? Was ist aber an diesem Bild tatsächlich wahr? Und: Wenn es so viele Verkäufer auf der Welt gibt, warum werden sie meist nur als tragische und der eigenen Reflexion unfähige Menschen dargestellt? Neben all den menschlichen Schwächen sind die dargestellten Verkäufer zusätzlich mit dem Manko einer anhaltenden Erfolglosigkeit versehen. Der Grund ist, dass es tatsächlich Verkäufer gibt, auf die das zutrifft. Aber es gibt diese Menschen auch in anderen Berufen. Wahrscheinlich passt jeder hundertste Verkäufer in dieses Bild. Aber acht von zehn Menschen haben genau dieses Bild von einem Verkäufer im Kopf. Selten wird das Verkaufen in der Literatur und im Film als professioneller Beruf gezeigt. Ganz anders ist es da mit dem Berufsbild von Ärzten und Rechtsanwälten. Sie werden zwar mit menschlichen Schwächen ausgestattet, aber verrichten ihre Arbeit meistens professionell.

Doch es ist nicht nur das Image des Berufs, das hier verbreitet wird. Das zweite Thema, das in diesen Dramen immer von Bedeutung ist, ist der *soziale Rang* des Verkäufers in der Gesellschaft. Die Assoziation des Namens Willy Loman mit »low man«, also übersetzt mit »niederer Mann«, ist sicherlich nicht zufällig entstanden. Verkäufer werden vielfach einfach, von niederem Rang, wenig intellektuell, vielfach primitiv, mit vielen wirtschaftlichen Sachzwängen versehen, zeitweise geldgierig und korrupt dargestellt. Verkäufer kann jeder werden und es ist der ideale Beruf für Schulabbrecher, so lautet die Volksmeinung. Das genaue Antibild professionellen Verhaltens wird in diesen Filmen dargestellt, ungeliebte und erfolglose Verlierer. Das Image und der soziale Rang ist für viele Menschen ein Problem, sich für diesen Beruf zu entscheiden und viele Verkäufer leiden ein Leben lang unter diesen Vorurteilen.

Hier kann es nur eine Antwort geben – und zwar Ihr professionelles Verhalten. Verkäufer müssen einen sehr professionellen Zugang zur eigenen Planung und Organisation haben, da sie in den meisten Fällen sehr selbstständig agieren. Verkäufer sind neben Unternehmern die am stärksten selbstständig ausgerichteten Berufe. Das bedeutet, das eigene Leben in die Hand zu nehmen, sich selbst zu führen, zu organisieren und den Erfolg eigenverantwortlich zu planen. Nur, wenn das nicht gelingt, tritt das ein, wofür es in der Literatur und im Film genügend Beispiele gibt. Wer sich selbst gut führt, wird vor allem die Sicherheit haben, die anstehenden Anforderungen ständig zu meistern. Die wirklich einzige Antwort auf dieses negative Bild ist Ihre Professionalität, mit der Sie die Anforderungen des Verkaufs stets meistern.

Kapitel 15

Der dreizehnte Schlüssel: Sich selbst führen

Sich selbst zu führen, ist weit schwieriger als 20 Mitarbeiter zu führen. Das Grundproblem jeder Form von Selbstführung besteht darin, dass die Früchte vieler heute notwendiger Aktivitäten sehr spät erkennbar und zu ernten sind. Die Überwindung, die Anstrengung, die Schmerzen und das Unangenehme sind aber jetzt im Moment vor unseren Augen. Wenn etwas Unangenehmes und Unbequemes zu tun ist, dann wird das oft auf die lange Bank geschoben oder generell vermieden. Das ist das entscheidende Grundproblem jeder Art von persönlicher Planung und Selbststeuerung und ist nicht nur im Verkauf aktuell. Damit erklärt sich, warum viele Menschen mit dem eigenen Zeit- und Prioritätsmanagement so große Probleme haben.

Verkäufer vieler Branchen und Länder wurden über zehn Jahre jedes Jahr befragt, was ihrer Ansicht nach am meisten zu einer Verbesserung der eigenen Leistung beiträgt. Die Verkäufer waren sich über den gesamten Zeitraum einig: Der größte Beitrag zur Erhöhung der Leistung ist die Verbesserung des eigenen Zeitmanagements. Zeitmanagement war das Thema von Anbeginn des Verkaufens und wird auch noch lange das Thema der Zukunft sein. Doch was haben dann die Millionen von Bücher und zigtausend von Seminaren zum Thema Selbstmanagement gebracht, wenn dieses Thema immer wieder sowohl bei jungen als auch bei erfahrenen Verkäufern so einen hohen Stellenwert einnimmt? Vielleicht sollten wir hier den Anspruch an uns etwas reduzieren. Es ist weder sinnvoll noch möglich zur reinen Ausführungsmaschine zu werden. Es wird wahrscheinlich niemals gelingen, dass alle Menschen ein perfektes Zeit- und Prioritätsmanagement aufbauen. Was aber jeder erlernen kann, ist mit Zeit und Prioritäten professionell umzugehen. Das bedeutet, sich selbst zu führen, die richtigen Werkzeuge einzusetzen, und durch Planung die Ziele zu erreichen.

Profi-Verkäufer motivieren
und coachen sich selbst.

Eine der größten Herausforderungen, die wir in unserem Arbeitsleben als Verkäufer haben, ist die Selbstführung – das Führen der eigenen Handlungen und der eigenen Aktivitäten. Führen bedeutet hier, das zu tun, was erstens wichtig ist und zweitens geplant wurde. Dieses Thema betrifft natürlich alle Menschen und beginnt schon im frühen Kindesalter mit den ersten Hausübungen in der Schule, die zu planen sind. Dieses Thema gehört zu der Art von Themen, die niemals unaktuell werden, weil das, was gefordert wird, niemals ein Mensch zu 100 Prozent erfüllen kann. Aber es ist vor allem für Menschen, die im Verkauf stehen, von zentraler Bedeutung, da die meisten Verkaufsjobs nur dann gut ausgeführt werden können, wenn die richtigen Aktivitäten geplant und dann auch ausgeführt werden. Das, was bei eigenverantwortlichen Jobs immer der Fall ist. Die meisten Verkäufer und natürlich auch alle Unternehmer müssen in der Lage sein, sich selbst zu steuern anstatt zu warten, bis sie ihre Aktivitäten fremdgesteuert auf dem Präsentierteller gezeigt bekommen.

Das nächste Problem der Selbststeuerung ist, dass ein Verkäufer, der sich selbst plant und diesen Plan umsetzt, ein und dieselbe Person ist. Der Verkäufer muss sich selbst etwas anschaffen und darf es dann auch selbst ausführen. Das erzeugt bereits Respekt und Zurückhaltung bei der Planung. Wir reduzieren unseren Anspruch, wenn wir wissen, dass wir es auch ausführen und erledigen müssen und es folglich auch an niemanden delegieren können. Hier ist darauf zu achten, dass dieser Effekt die Ziele nicht zu stark beeinflusst. Wer zu viel Respekt vor einer Aufgabe hat, reduziert sein Anspruchsniveau und seine persönlichen Ziele.

Organisieren

Eine gute Organisation der eigenen Arbeitsumgebung verbessert zwar nicht die Planung und Ausführung, erleichtert aber jede Form der Selbststeuerung. Die eigene Selbststeuerung beginnt bei den einfachen Dingen, beispielsweise bei der Frage, wie man sein Leben im Verkauf organisiert: entweder einfach oder kompliziert.

Die eigene Zeltorganisation

Wer immer mehr verkaufen will, braucht Freiheit und Freiraum. Den Freiraum, Kunden spontan zu betreuen, die Freiheit, viele neue Kontakte im Markt aufzubauen. Die Freiheit der Verkäufer, viel von ihrer Arbeitszeit in den Dienst des Kunden zu stellen. Ohne diese Freiheiten ist ein wirkungsvolles Verkaufen nicht durchführbar. Auf der anderen Seite existieren Sachzwänge, die im Laufe der Zeit immer mehr werden. So klagen Verkäufer, die bereits längere Zeit einen Markt betreuen, über eine höhere Belastung (zum Beispiel durch Administration und Berichte) als Verkäufer, die neu am Markt sind. Hier geht es um das Reduzieren von unnötigen Belastungen, denen ein Verkäufer ausgesetzt ist, aber auch um Belastungen, die vermeidbar sind. Das zentrale Thema ist hier, die Sachzwänge des Verkäufers auf ein Mindestmaß zu beschränken. Die wichtige Forderung, die wir hier stellen, ist das Maß der Belastung durch eine bessere Organisation zu verringern. Je weniger Sachzwänge Sie als Verkäufer haben, desto leichter ist die Selbststeuerung.

Nehmen wir zwei Organisationen. Die eine ist schwerfällig aber bequem, sie ist auf Prestige gebaut, aber umständlich und mit einer Vielzahl von Dingen ausgestattet. Die andere ist schlicht und einfach. Nennen wir die erste Organisation die Palastorganisation und die zweite eine Zeltorganisation. Es macht einen großen Unterschied, ob Sie in einem Zelt leben oder in einem Palast. Wer in einem organisatorischen Palast lebt, hat viele Sachzwänge, die wiederum viele Aktivitäten erfordern, nur um den Palast zu erhalten. Wer hingegen im organisatorischen Zelt lebt, kann viel flexibler agieren. Das Zelt lässt sich in einen Rucksack einpacken und Sie können überall damit hingehen. Organisieren Sie um, wenn Sie Sachzwänge verringern können und eine Verbesserung der Kundenbeziehung erreichen.

Gerade im Vertrieb ist es wichtig, besonders beweglich zu sein und Belastungen zu reduzieren. Verkäufer müssen rasch auf Kundenanforderungen reagieren und dürfen daher wenig in ihrer Beweglichkeit behindert werden. Sie sollten jederzeit einen Überblick über ihre Kundensituation, über ihre Aufträge und über Ihre zukünftigen Planungen haben, damit Sie rasch und unkompliziert produktiv verkaufen. Auf der anderen Seite ist es leider so, dass Sachzwänge entstehen und diese beginnen, das Leben des Verkäufers langsam und stetig zu behindern. Organisieren Sie geplant um, und zwar nicht nur dann, wenn Sie müssen. Eine Zeltorganisation bedeutet in erster Linie, näher und häufiger beim Kunden sein zu können. Wie können Sie das erreichen? Machen Sie Ihr Auto zum Büro, verkleinern Sie den Arbeitsplatz, lernen Sie, von überall zu arbeiten. Das zentrale Wesen der eigenen Zeltorganisation liegt in der Möglichkeit, alle notwendigen Tätigkeiten ausführen zu können. Um in einer Zeltorganisation zu leben, ist es wichtig, Zeichen zu setzen. Ein mögliches Zeichen ist es, den Schreibtisch nicht mehr zu benutzen. Bauen Sie sich Ihre eigene Zeltorganisation auf. Wer sich richtig organisiert, kann Selbstmanagement besser ausführen.

Profi-Verkäufer organisieren laufend,
um näher, schneller und intensiver
beim Kunden sein zu können.

Die eigenen Leistungen veröffentlichen

Für viele Verkäufer sind das Prestige, das sie haben, und das Ansehen, das sie bei anderen genießen, zwei zentrale Motivationsfaktoren. Daher verwenden einige Verkäufer diesen Trick, um sich selbst immer wieder zu motivieren: Sie veröffentlichen die eigenen Leistungen laufend. Sagen Sie anderen Menschen, was Sie vorhaben. Beschreiben Sie es und hängen Sie Ihre Vorgaben für alle sichtbar auf.

Das Trauma des armen Verkäufers

Tun Sie sich als Verkäufer niemals leid, es gibt keine Härten beim Verkaufen, es gibt nur eine vertriebliche Notwendigkeit. Jeder Verkäufer, der erfolgreich sein will, wird lernen, das vertrieblich Notwendige zu lieben. Die Chancenfenster im Vertrieb sind oft nur eine ganz kurze Zeit offen und sie sind genau dann zu nutzen, wenn sie offen sind – mit den richtigen Maßnahmen, ungeachtet aller augenblicklicher Befindlichkeiten.

Start – Schnitt – Trend

Viele Verkäufer verbessern ihre Leistung, wenn sie wissen und schwarz auf weiß sehen, was sie leisten. Viele Menschen verbessern sich schon alleine dadurch, dass sie eine Transparenz über ihre eigene Leistung haben, weil viele das Grundbedürfnis haben, sich positiv zu entwickeln und nicht schlechter zu werden. Man nimmt es einfach persönlich, wenn man heute weniger verkauft als letztes Jahr. Einige Profi-Verkäufer verwenden folgende Technik: Sie benchmarken sich laufend mit ihren eigenen Leistungen. Führen Sie folgenden Test durch: Nehmen Sie sich maximal fünf Bereiche vor, die Sie an sich verbessern wollen, und schreiben Sie diese auf ein Blatt Papier. Jeder dieser fünf Punkte erhält einen Startpunkt, bei dem Sie sich zu beobachten beginnen. Danach berechnen Sie den Schnitt der Leistung seit dem Startpunkt. Wenn Ihr Beobachtungszeitraum sechs Wochen ist, dann dividieren Sie die Werte durch sechs. Am Ende beschreiben Sie einen Trend. Der Trend ist in unserem Fall der Wert der letzten Beobachtungswoche. Durch die Aufzeichnung von »Start – Schnitt – Trend« haben Sie Ihre persönliche Entwicklung immer vor Augen.

Sich selbst coachen

Die folgenden Beispiele sind extreme Ausprägungen und wirken vielleicht etwas übertrieben. Aber sie zeigen deutlich, wie das eigene Coaching funktionieren kann. Verkäufer wissen, wo sie stehen und wie viel sie verkaufen, denn der Verkauf ist ein Bereich, in dem Leistung am leichtesten messbar ist. In keinem anderen Beruf ist der Erfolg so direkt mit der tatsächlichen Leistung verbunden wie im Verkauf. Natürlich gibt es auch Verkäufer, die ihren Erfolg nur schwer messen können oder bei denen der Verkaufserfolg nur zu einem geringen Teil von der Leistung abhängt. In der Regel ist das im Verkauf aber nicht so.

Sie sind der Beste oder einer der Besten

Günther war lange Zeit einer der besten Verkäufer, den das Unternehmen je hatte. Seit drei Jahren war er sogar der beste Verkäufer im Unternehmen. Er war seit Urzeiten als Verkäufer dabei und so wurde er die treibende Kraft im Vertrieb. Das Unternehmen hatte 550 Mitarbeiter, davon arbeiteten ungefähr dreißig im Verkauf. Günther hatte eine Lehre als Einzelhandelskaufmann absolviert und Mitte zwanzig trieb es ihn als Vertreter in die Industrie. Rasch lernte er das Handwerk und wurde bereits vor seinem dreißigsten Geburtstag zuerst ein guter Verkäufer und dann der beste Verkäufer des Unternehmens. Günther betreute seine Kunden besonders gut und da er so viele Kunden gewinnen konnte, verbrachte er sehr viel Zeit bei ihnen. Günther hatte im Jahr etwa 150 Mittagessen mit seinen Kunden. Entweder er lud sie ein oder er speiste bei seinen Kunden in der Kantine. Günther lebte also bei seinen Kunden. Dadurch wusste er sehr genau, was sie umtrieb und hatte immer die passende Lösung und das passende Angebot. Zum Teil kannte Günther einen Kunden besser als dieser sein eigenes Unternehmen kannte. Nach einigen Jahren war Günther auch der Vertraute der Kunden geworden. Er wurde der Berater seiner Kunden und durfte damit auch auf keinem Kundenfest fehlen. Er besuchte regelmäßig alle Weihnachtsfeiern seiner Kunden. Günther war der Top-Verkäufer des Unternehmens und erzielte seit einigen Jahren immer den höchsten Umsatz. Natürlich gab es bei dieser Arbeitsweise auch Probleme. Das war nur allzu logisch und da Günther die meisten Angebote schrieb und die meisten Maschinen verkaufte, hatte er auch viele Problemfelder mit der Buchhaltung, mit dem Lager und der Administration. So gab es bei der Bearbeitung der Aufträge viele offenen Fragen und viele ungelöste Themen. Andere Verkäufer, die viel Zeit im Unternehmen verbrachten, taten sich hier viel leichter, da sie besser zu erreichen waren und im Vergleich zu Günther nur einen Bruchteil der Arbeit verursachten. Doch Günther ließ sich dadurch nicht in seinem Verhalten, das sehr verkaufsorientiert war, blockieren. Er war weiterhin sehr engagiert und drauf und dran, seinen Rekord erneut zu brechen.

Wie motiviert und coacht sich Günther? Sein Credo ist: »Wenn ich der Beste bin und tolle Umsätze mache, habe ich keinen Stress. Ich bezahle mit meinen Umsätzen die Gehälter der anderen und daher müssen sie sich nach mir richten.« Wenn Günther Unternehmer ist, denkt er sich: »Ich beschaffe die Arbeit und die Aufträge, daher bin ich der wichtigste Mann im Unternehmen.« Günther ist an der Spitze und ist angstfrei. Ein Verkäufer wie er findet immer und überall einen Job. Und ein Unternehmer, der viele Projekte akquiriert, ist auch immer erfolgreich. Günther bezahlt die Controller und Finanzleute mit den Umsätzen seiner Kunden. Er fühlt sich wichtig, weil er eine sehr hohe Verantwortung im Unternehmen trägt.

Sie sind noch nicht der beste Verkäufer

Sie sind ein guter Verkäufer und verglichen mit Ihren Kollegen sind Sie mit Ihren Ergebnissen im Mittelfeld. Sie arbeiten brav vor sich hin und fallen dem Verkaufsleiter kaum auf. Eine Methode, um sich in dieser Situation zu coachen, ist das »Recht auf die brutale Wahrheit«-Modell. Dieses Coaching-Modell geht davon aus, dass jeder Verkäufer ein Recht auf die Wahrheit hat, egal wie sie auch aussieht. Nehmen Sie sich dafür etwa 15 Minuten Zeit. Legen Sie alle Fakten auf den Tisch. Versuchen Sie, so transparent wie nur möglich zu sein. Versuchen Sie die Folgen aus der bisherigen Entwicklung abzuleiten (Gehaltsentwicklung, Ansehen, Stress und so weiter). Bewerten Sie dabei nicht. Überlegen Sie sich, warum es so ist, wie es ist. Fassen Sie die Fakten schriftlich zusammen. Beschreiben Sie anschließend, welche langfristigen Auswirkungen und Konsequenzen aus diesen Fakten für Sie entstehen können. Fassen Sie die Auswirkungen und Konsequenzen zusammen. Überlegen Sie sich dann, was diese Fakten und Konsequenzen für Sie bedeuten. Überlegen Sie sich Maßnahmen und Aktivitäten, die diesen Konsequenzen entgegenwirken können. Wichtig ist, zu erkennen, das Sie heute bereits Aktivitäten setzen können, um die negativen Auswirkungen in Zukunft zu verringern oder ganz zu verhindern. Die Aktivität von heute ist der Umsatz von Morgen. Wenn Sie neu im Verkauf sind, machen Sie mit sich selbst eine Vereinbarung zu Ihrer Entwicklung. Überlegen Sie sich, wo Sie stehen und wie Sie sich weiterentwickeln können. Das Führen der eigenen Aktivitäten ist nur möglich, wenn volle Transparenz über die eigene Wirksamkeit vorhanden ist.

Eigenverantwortung

Zum Ende des letzten Jahrhunderts wurde unser Weltbild von Hirnforschern auf der ganzen Welt zurechtgerückt. Zum ersten Mal konnte mit technischen Mitteln in das Gehirn eines Menschen hineingeschaut werden, um zu sehen, wie es funktioniert. Seit diese Forschungen publiziert werden, wissen wir, dass bei einem Menschen, der viel fernsieht, die Regionen im Gehirn, die für das Fernsehen wichtig sind, besser funktionieren, also dass dort mehr Verbindungen hergestellt werden und die Regionen damit wachsen. Wenn ein Mensch viele SMS ins Handy eintippt, wird die Region im Gehirn ausgebaut, die diese Motorik unterstützt. Und noch mehr, das Gehirn wird immer besser und leistungsfähiger, wenn wir die Dinge auch mit Begeisterung ausführen. Emotionalität verstärkt den Prozess der Gehirnbildung. Das heißt letztlich, dass wir eine große Verantwortung in uns tragen, was mit unserem Gehirn passiert. Und diese Verantwortung tragen wir auch bei der Professionalität des Verkaufens. Wer lustlos eine Liste schreibt und sich dann Prioritäten setzt, wird in der Regel mit wenig Herz bei der Sache sein. Er wird die Sache ablehnen und der Erfolg wird sich nicht einstellen. Damit ist klar geworden, dass nur der erfolgreich wird, der die Sachen, die getan werden müssen, auch oft und gerne macht. Glücklich ist der, der das, was zu tun ist, gerne macht.

Werden Sie Selbststarter

Wenn Ihr Kind in der Pubertät unaufgefordert und ohne Zwang nach dem Frühstück am Morgen die Teller und das Geschirr in die Spülmaschine stellt, dann auch noch den Frühstückstisch aufräumt, ist Ihr Kind ein Selbststarter. Ein Weg zum professionellen Arbeiten ist das »Selbststarten« mit den 15 Schlüsseln. Wer diese Fähigkeit beherrscht, wird schneller und auch mehr mit dem Kunden zusammen sein. Beginnen Sie rasch – der Beginn ist der halbe Projekterfolg. Beim Durcharbeiten können Sie sich Ihr eigenes Produktivitätsprofil erstellen und dabei jene Punkte erkennen, die zu Ihrer persönlichen Verkaufsproduktivität beitragen.

Trainieren Sie Ihre »just do it«-Selbststartfähigkeiten jeden Tag. Nicht jeder Selbststarter wird ein guter Verkäufer, aber jeder Verkäufer sollte ein

Selbststarter sein. Beginnen wir mit dem ersten Faktor: Sie können nun durch verschiedene Maßnahmen wie Blocken von Arbeitszeit eine Stunde gewinnen. Stellen Sie sich vor, Sie hätten jeden Tag eine Stunde mehr Zeit zum Verkaufen. Was würden Sie tun? Die meisten Großkundenbetreuer würden die gewonnene Zeit in die Vorbereitung investieren, aber Verkäufer mit vielen Kunden würden die Zeit nutzen, um neue Kunden kennenzulernen. Damit steigt die Kontaktzahl, aus der wieder neue Chancen entstehen können. Schreiben Sie ein Tagebuch; nehmen Sie diese fünf Faktoren als Startpunkt in die Welt des produktiven Verkaufens und notieren Sie die Wendepunkte, wenn Sie besser geworden sind. Testen Sie einige der in diesem Buch gegebenen Tipps und Anleitungen. Wenn sie wirken, dann übernehmen Sie sie in Ihre tagtägliche Arbeit.

Profi-Verkäufer sind Selbststarter!

Als Selbststarter nehmen Sie jedes Thema selbst in die Hand, das gerade wichtig ist, und verlassen sich nicht auf andere. Sie warten nicht, bis Sie irgendwelche Vorgaben erhalten. Starten Sie bei jeder neuen Aufgabe unaufgefordert, bereiten Sie sich entsprechend vor und starten Sie dann durch.

Für die Verbesserung des Selbstcoachings bedeutet es, dass Sie klar wissen sollen, welche der Schlüssel des Verkaufens Sie bereits beherrschen und welche Sie noch erlernen müssen, um in Ihrem Gebiet erfolgreich zu sein.

Tipps von Profi-Verkäufern

1. Überlegen sie sich, welche Dinge Sie im unmittelbaren Arbeitsbereich nicht mehr benötigen. Entsorgen Sie alles, was nicht zum Verkaufen notwendig ist.
2. Bauen Sie eine individuelle Zeltorganisation auf. Achten Sie auf Flexibilität und Beweglichkeit. Nutzen Sie Ihre Flexibilität, um näher und häufiger beim Kunden zu sein.
3. Trainieren Sie Ihre Selbststartfähigkeiten. Nehmen Sie sich zumindest jede Woche eine Aufgabe vor, die Sie selbst starten.

Kapitel 16

Der vierzehnte Schlüssel: Die Selbstwirksamkeit erhöhen

In diesem Kapitel geht es um die Werkzeuge wirksamen Verkaufens. Wie in jedem Handwerksberuf und natürlich auch in jedem professionellen Beruf gibt es auch im Beruf des Verkäufers Werkzeuge, die die Selbstwirksamkeit erhöhen. Die Selbstwirksamkeit wird dann erhöht, wenn Sie als Verkäufer Werkzeuge einsetzen, die sinnvoll und nützlich bei der Arbeit sind. Was ich hier nicht meine, sind Formulare, Listen und Tabellen, die auszufüllen sind und die nur zusätzlichen Arbeitsaufwand bedeuten. Das Werkzeug muss einen Nutzen bringen. Als Verkäufer sollten Sie grundsätzlich nichts tun, was unnötig ist.

Hier werden Werkzeuge vorgestellt, die zwar nicht bei jedem Verkäufer sinnvoll sind, die aber bei vernünftigem Einsatz einen Hebel in der eigenen Arbeit darstellen.

Vorbereitet sein

Bevor eine Arbeit begonnen wird, ist es wichtig, die Arbeit richtig vorzubereiten und die Werkzeuge bereitzustellen. Die Arbeit mit Werkzeugen ist nur dann sinnvoll, wenn alles, was zur Arbeit notwendig ist, auch vorbereitet ist. Hier ist es wichtig zu wissen, dass wir es im Vertrieb mit Chancen zu tun haben, die wir als Verkäufer in Ergebnisse umwandeln. Wir haben bereits an mehreren Stellen in diesem Buch besprochen, dass es wichtig ist, rasch und unkompliziert zu agieren. Damit das gelingt, ist es wichtig, in allen Belangen vorbereitet zu sein – vor allem dann, wenn sich eine neue Chance bietet. Wenn ein Kunde Interesse zeigt, sollten Sie alles, was Sie zur

Bearbeitung des Geschäftsfalls benötigen, einfach zur Hand haben. Langwierige, umständliche Manipulationen würden die Kundenbeziehung in dieser kritischen Phase nur unnötig belasten. Im ersten Faktor, der Vermehrung von Aktivitäten, haben Sie sich eine Vielzahl von Kontakten aufgebaut, von denen einige zu echten Chancen und vielleicht sogar zu Kunden werden. Daher ist es naheliegend, für diesen Fall vorbereitet zu sein und alle Vorkehrungen zu treffen, um den Kunden tatsächlich zu akquirieren und zu behalten.

Ordnung halten

Bevor Sie sich als Verkäufer mit komplexen Themen beschäftigen, sollte hier auch Grundlegendes und Einfaches angesprochen werden. Es gibt zwei wesentliche Argumente, die für eine Ordnung beim Verkaufen sprechen. Erstens ist Ordnung wichtig, um Chancen nicht zu vergessen und damit nicht oder zu spät zu bearbeiten. Zweitens soll der Such- und Manipulationsaufwand niedrig sein. Haben Sie immer alle für Sie wichtigen Sachen zur Hand. Und drittens: Wenn Sie Ordnung halten, sieht das auch der Kunde und er wird Sie professioneller einschätzen.

Ausgerüstet sein

Ein schönes Beispiel ist die bereits erwähnte »alles am Körper«-Methode, die ich bei Junior-Verkäufern, aber auch beim Eigentümer eines Industriekonzerns mit 53 Unternehmen beobachtet habe. »Alles am Körper« bedeutet, alle für das eigene Funktionieren im Verkauf notwendigen Unterlagen wie Kalender, Materialien und Dokumente immer bei sich zu haben. Alle Werkzeuge sollen in der Jacke, im Hemd und in den Hosentaschen ihren Platz finden. Sobald sich eine Chance bietet, ist alles Notwendige zur Hand. Der Grundgedanke dabei ist: Der Verkäufer ist nicht an einen Platz oder an eine Struktur gefesselt, um seine Geschäfte zu machen. Dadurch wird er angehalten, die gesamte eigene Organisation zu Minimalisieren und sich damit auf das Wichtigste zu konzentrieren. Wer das schafft, hat bereits viel für das eigene Rationalisieren und Organisieren erreicht, da viele Vorarbeiten notwendig sind, diesen Zustand zu erreichen.

Wirksame Werkzeuge einsetzen

Nutzen Sie den folgenden Werkzeugkasten, aus dem Sie jene Werkzeuge auswählen, die Ihre Professionalität unterstützen. Es gibt keinen Verkäufer, der alle vorhandenen Werkzeuge sinnvoll nutzen kann. Jeder Verkäufer wird sich seine Werkzeuge zusammenstellen müssen. Die folgenden Werkzeuge stammen aus der tagtäglichen Verkaufspraxis von Profi-Verkäufern und erfolgreichen Unternehmern, die verkaufen. Die Werkzeuge werden entweder von den Verkäufern selbst erstellt und verwendet oder von Unternehmen zur Verfügung gestellt.

Die fünf Faktoren	Die 15 Schlüssel des Verkaufens	Ihre Methoden und Werkzeuge
Mehr Aktivitäten	Verkaufszeit	Wochenplanung, Tagesplan
	Kontaktzahl	Kontaktliste, Stammkundenliste, Wunschkundenliste, Neukundenliste
	Chancenbasis	Projektliste, Chancenliste, Projektplan
Die richtigen Aktivitäten	Verkaufstreiber	Verkaufstrichter, Sales Pipeline, Verkaufsprozesse
	Schlüsselaktivitäten	Aktivitätsauslastung, Verkaufskapazität, Kontinuitätsliste
	Reihenfolge der Aktivitäten	Aktivitätsvorgaben, Aktivitätsziele
Produktive Aktivitäten	Kundenpotenziale	ABC-Analysen, Kundenstrategien, Kundenbetreuungspläne, Einzelkundenpläne
	Kundenproduktivität	Aufwandsdiagramme, Kundenhistorie
	Kundenprofitabilität	Preisdifferenzierung, Produkt- oder Dienstleistungsstrategie
Bessere Aktivitäten	Verkaufsquoten	Trefferquotenliste
	Verkürzen von Verkaufsprozessen	Prozesskette, Verkaufstrichter
	Deal Flow erhöhen	Liste der Supertargets

Organisierte Aktivitäten	Sich selbst führen	Leistungskultur, Benchmarks
	Selbstwirksamkeit	Werkzeuge einsetzen, Vorbereitung
	Zielklarheit und Zielerreichung	No-show-Aufschlag, strategische Lücken, Forecast von Ergebnissen

Tabelle 3: Methoden und Werkzeuge

Werkzeugkasten 1. Faktor

Das erste Werkzeug ist der *Wochenplan*. Mit einer Wochenplanung soll die folgende Woche bereits am Ende der vorigen Woche verplant werden. Viele Verkäufer versuchen unter allen Umständen, niemals ungeplant in die nächste Woche zu starten, da immer Zeit benötigt wird, die Kontakte mit den Kunden aufzubauen und bei einer nicht geplanten Woche erfahrungsgemäß nicht so viele Kontakte gemacht werden können wie bei einer geplanten. Das zweithäufigste Instrument im Einsatz ist der *Tagesplan*. Bei der Nutzung eines Tagesplans gilt die gleiche Logik wie beim Wochenplan.

Die *Kontaktliste* beschreibt, mit welchen Kunden Sie Kontakte haben und legt die Anzahl der Kunden fest. Diese Kontaktliste kann auch eine Struktur aufweisen und die Kontakte ordnen. Sie kann als Neukundenliste, Stammkundenliste oder als Wunschkundenliste ausgeführt sein. Die Kontaktliste zeigt Ihnen Ihren Marktdruck bei Ihren Kunden.

In einer *Projektliste* wird meistens die Kontaktliste weitergeführt und es werden die Wahrscheinlichkeit und die Größe von Chancen, die bei den Kontakten entstehen, dokumentiert. Außerdem wird häufig abgeschätzt, mit welcher Wahrscheinlichkeit diese Chancen zu Ergebnissen führen.

Werkzeugkasten 2. Faktor

Das nächste Werkzeug im Werkzeugkasten ist der *Sales Funnel*, der *Verkaufstrichter* beziehungsweise die *Sales Pipeline*. Dieses Werkzeug eignet sich zum Analysieren der vertrieblichen Arbeit. Vor allem Einsteiger im Vertrieb, die Kunden aufbauen, sollten sich die Aussagen des Verkaufstrichters klar vor Augen führen. Ein weiterer Einsatz dieses Werkzeuges ist die

Analyse der optimalen eigenen Vorgaben. Wichtig ist es, hier ein Werkzeug zur Verfügung zu haben, mit dem Sie erkennen können, ob Sie Ihren Markt kontinuierlich bearbeiten oder ob es Schweinebäuche in der Bearbeitung gibt. Dazu reicht oft eine Liste oder ein Diagramm, anhand dessen Sie erkennen können, ob genügend Schlüsselaktivitäten vorhanden sind oder nicht. Eine Formel legt fest, wie viele Aktivitäten Sie planen, um Ihre Verkaufskapazität richtig einzusetzen.

Werkzeugkasten 3. Faktor

Das nächste Werkzeug ist die klassische *ABC-Analyse*. Diese wird im Vertrieb in den verschiedensten Spielarten durchgeführt. Am effizientesten sind dabei die ABC-Quadrat-Analysen, bei denen immer zwei ABC-Analysen miteinander kombiniert dargestellt werden. Hier kann zum Beispiel eine ABC-Analyse Aussagen über die richtige Betreuungsintensität liefern. Wer viele Kunden hat, kann unmöglich für jeden einzelnen Kunden eine Strategie erstellen. Dann ist es sinnvoll, Kunden zu Gruppen zusammenzufassen und ein Betreuungsprofil je Kundengruppe zu erstellen. Wer nur wenige Kunden hat, der kann für jeden einzelnen Kunden eine Strategie oder zumindest einen Kundenentwicklungsplan für das nächste Jahr erstellen. Je genauer die Trennschärfe der Segmentierung ist, desto leichter lassen sich die Betreuungskonzepte unterscheiden. Kundenstrategien zeigen Ihnen, welche Betreuungsintensität Sie den Kunden zuweisen. Eine Kundenbilanz zeigt Ihnen den Wert der Kunden. Eine Kundenwanderung oder ein Kundenfluss zeigt Ihnen, welche Kunden sich in einem Zeitanschnitt positiv oder negativ entwickeln.

Werkzeugkasten 4. Faktor

Das folgende Werkzeug ist eine *Preisdifferenzierung*. Für jeden Kunden haben Ihre Produkte und Dienstleitungen einen anderen Wert, daher sind auch einige bereit, mehr zu bezahlen. Reihen Sie die Kunden nach dem Wert, den Ihre Produkte und Dienstleistungen für sie haben und legen Sie dann die Preise fest. Voraussetzung ist natürlich eine geringe Transparenz des Marktes. Eine Liste der Supertargets zeigt Ihnen die besonderen Kunden.

Werkzeugkasten 5. Faktor

Unser Werkzeug hier ist die *Auswahl der Werkzeuge und des Werkzeugkastens*. Erstellen Sie eine Auswahl von Werkzeugen, die Sie unterstützen und jederzeit einsetzen können. Auch über die Entwicklung Ihrer Ergebnisse in einem Forecast sollten Sie täglich, wöchentlich oder bei längeren Verkaufszyklen zumindest einmal monatlich Bescheid wissen. Ein wichtiges Werkzeug ist die Ermittlung der strategischen Lücke, die Ihnen anzeigt, was Sie heute, diese Woche oder diesen Monat noch tun müssen, um Ihr Ziel am Ende des Jahres zu erreichen.

Viele dieser Werkzeuge können, einmal angewandt und eingeübt, auch wieder weggelassen werden. Es reicht dann, wenn Sie ein Gefühl für Ihre Professionalität entwickelt haben und danach leben. Bei einigen Werkzeugen ist es ideal, wenn Sie die Daten elektronisch verarbeiten.

Legen Sie sich eine persönliche Leistungskultur zu

Was passiert, wenn Verkäufertypen auf Buchhaltertypen stoßen? Was passiert, wenn eine risikoorientierte Kultur im Verkauf mit einer präzisionsorientierten und qualitätsorientierten Abwicklungskultur in der Produktion oder der Administration zusammenprallt? Ergänzen, verstärken oder stören sich die unterschiedlichen Kulturen? Eines der interessantesten Phänomene, das bei einem Zusammentreffen von unterschiedlichen Subkulturen in einem Unternehmen oder zwischen Berufsgruppen beobachtet werden kann, ist das *Verändern* von Werten. Risiko und aktivitätsorientierte Kulturen nivellieren sich dabei in der Regel nach unten, das Leistungsniveau und damit der Durchschnittswert der Arbeitsleistung sinkt. Wieso passiert das? Wieso werden Verkäufer schlechter, wenn sie viel Zeit mit Controllern oder Technikern verbringen? Es gibt so etwas wie eine kulturelle Schwerkraft, die leistungshemmend wirkt. Wenn zwei Kulturen mit unterschiedlichen Aktivitätsniveaus zusammentreffen, entsteht eine Dynamik, die in der Regel aktivitätsfeindlich ist. Aus Vertriebssicht ist es ein Problem, wenn das Risikoniveau und vor allem das Aktivitätsniveau sinken. Wie lässt sich also die Leistungskultur steigern?

Kampf gegen Bequemlichkeit

Wenn Sie als Unternehmer Kunden akquirieren, dann wissen Sie, dass ein großer Unterschied zwischen einem Kundengespräch und einem Lieferantengespräch besteht. Oft wird das Bequemere dem Unbequemen vorgezogen. Leistungskultur ist dabei ein ständiger Kampf gegen Bequemlichkeit. Das ist vor allem eine Selbstführungsaufgabe, die laufend zu überwachen ist. Hier wirken Aktivitätsvorgaben und Wochenpläne. Leistungskultur ist dabei keine Methode, sondern entsteht im Kopf.

Abgrenzen zur Firmenkultur

Generell ist zu klären, ob die allgemeine Firmenkultur mit der Kultur, die Sie als Verkäufer benötigen, zusammenpasst und die beiden einander in ihrer Wirkung ergänzen oder eher abschwächen. Wenn die Firmenkultur aktivitätsfeindlich, risikoscheu und präzisionsorientiert ist, dann ist es besser, sich abzugrenzen. Das kann zum Beispiel durch ein Verlagern des Büros nach Hause oder ins Café sein.

Erfolgsrituale einführen

Die vorgestellten Methoden sollten zuerst von Ihnen ausgewählt und danach nach Ihren Wünschen modifiziert werden. Damit erstellen Sie Ihr individuelles Werkzeugset. Der logische nächste Schritt ist es, die ausgewählten Werkzeuge zu nutzen. Und zuletzt sollten sie ritualisiert eingesetzt werden. Dabei hat es Sinn, sich an Ihren Gewohnheiten und Vorlieben zu orientieren. Beispiele können sein: Jeden Montag in der Tagesrandzeit werden die ausstehenden Angebote erledigt. Einmal im Monat wird der Kundenfluss beobachtet und die Veränderungen in der Betreuung geplant. Jeden Montag soll die strategische Lücke bekannt sein, um genügend Zeit zum Schließen der Lücken zu haben.

Diese Rituale sind wichtig, um kontinuierlich Werkzeuge einzusetzen. Und zu guter Letzt ein wichtiges Ritual: Feiern Sie Erfolge! Belohnen Sie sich selbst, wenn Sie erfolgreich sind. Gönnen Sie sich etwas.

Persönliches Leistungsgefühl kultivieren

Jeder, der dieses ansteckende Gefühl von Unabhängigkeit und Beglückung miterlebt, das ein Leistungsgefühl auslöst, möchte diesen Zustand nicht mehr missen. Das Tolle am Verkaufen ist, dass dieses Gefühl immer wieder aufs Neue entfacht wird, egal, in welchem Bereich Sie auch immer verkaufen.

Nehmen wir zwei unterschiedliche Situationen: Sie arbeiten den ganzen Tag und haben das Gefühl, etwas geleistet zu haben. Sie sind glücklich und entspannt. Und als zweite Situation: Sie arbeiten den ganzen Tag und wissen nicht, was Sie heute getan haben. Der Unterschied ist Lebensqualität. Gerade im Verkauf, wo die Aktivität und der Erfolg zeitlich sehr weit auseinander liegen, kann es wichtig sein, zu jeder Zeit das Gefühl zu haben, produktiv zu sein. Wer einen sehr schnellen Verkaufsprozess hat, den betrifft das Thema nur am Rande. Wer jeden Tag Ergebnisse erzielt und dadurch seine Erfolgserlebnisse einfährt, der ist sowieso durch diese Ergebnisse motiviert. Wenn aber zwischen den Aktivitäten und den Erfolgen sehr viel Zeit verstreicht, dann ist es wichtig, diese Zeit auch als sinnvoll zu empfinden. Daher ist das Arbeiten mit Werkzeugen, aus denen die erbrachte Leistung erkennbar ist, wichtig. Dieses Leistungsgefühl gibt dem Verkäufer die Möglichkeit, sich immer wieder aufs Neue für diesen Beruf zu motivieren. Am Ende des Tages sollen Sie das Gefühl haben, etwas erreicht zu haben. Sie sollten immer wissen, dass Sie auf dem richtigen Weg sind. Haben Sie die Sicherheit, Ihre Ziele zu erreichen.

Tipps von Profi-Verkäufern

1. Wählen Sie die richtigen Werkzeuge aus dem Werkzeugkasten aus und überlegen Sie sich, wie sie eingesetzt werden können.
2. Schaffen Sie bewusst Freiräume für neue Kunden und neue Projekte.
3. Arbeiten Sie so, dass keine Chancen ungenutzt bleiben und Sie immer die Möglichkeiten haben, etwas Neues zu tun.
4. Ritualisieren Sie die Nutzung der Werkzeuge.

Kapitel 17

Der fünfzehnte Schlüssel: Durch Planen die eigenen Ziele erreichen

Heute zu wissen, was morgen zu tun ist,
um übermorgen das Ziel zu erreichen.
Die »Strategische Lücke«-Regel

Jeder Verkäufer hat zumindest einmal pro Jahr ein flaues Gefühl im Magen. Das ist meistens die Zeit, wenn die Ziele vergeben werden. Genau so ergeht es dem Unternehmer, wenn er an das Budget und die Budgetplanung für das nächste Jahr denkt. Oft wird einem schwindelig bei den Vorstellungen, was im nächsten Jahr alles zu verkaufen ist, damit die eigenen Ziele oder das Budget erreicht werden können. Sie haben jetzt zwei Möglichkeiten, dieses Unwohlsein zu beenden. Erstens, Sie verdrängen diesen Gemütszustand und lernen, damit zu leben oder zweitens, Sie stellen sich dem Thema und lernen, mit den meistens hohen Zielen professionell umzugehen.

In keinem anderen Bereich können Ziele so leicht formuliert und Ergebnisse so leicht gemessen werden wie im Verkauf. Durch unsere Ziele steuern wir die Ergebnisse. Deswegen ist eine Zielfestlegung ein wichtiges Instrument des professionellen Verkaufens. Werden Ziele in Aktivitäten umgerechnet, dann können durch Planen von Aktivitäten die Ziele ohne Stress und Mühe erreicht werden. Große Ziele können in portionierbare Einheiten heruntergebrochen werden. Zielklarheit erreichen Sie, wenn Ihr Ziel erreichbar, messbar und machbar ist und Ihnen der Realisierungszeitraum klar ist.

Die strategischen Lücken schließen können

Ein 35-jähriger Verkäufer wird nach seinen Zielen im Leben befragt. Er beginnt mit seiner Familie und beendet seinen Zielkatalog mit seiner finanziellen Zielsetzung. Er will in 15 Jahren soviel Geld haben, dass er nicht mehr arbeiten muss. Der Zeitpunkt ist noch 15 Jahre von heute entfernt und plötzlich beginnt er zu erzählen, was er nächste Woche dafür zu tun hat, um dieses Ziel zu erreichen. Er will eine bestimmte Summe Geld Woche für Woche zur Seite zu legen. Er kennt seine finanzielle strategische Lücke. Wer die strategische Lücke das ganze Jahr über kennt, der kann täglich Aktivitäten setzen, die letztlich zu dem Ziel führen, die strategischen Lücken zu schließen. Die Berechnung von strategischen Lücken kann sowohl für private als auch für berufliche Ziele verwendet werden. Als Verkäufer sollen Sie immer, egal, was Sie verkaufen, die strategischen Lücken berechnen können, um zu wissen, welchen Aktivitäten Sie setzen müssen, um erfolgreich zu sein.

Profi-Verkäufer wissen bereits heute,
was sie morgen tun müssen,
um übermorgen ihre Ziele zu erreichen!

Wenn Sie heute genau wissen, was Sie morgen tun müssen, um übermorgen ihr Ziel zu erreichen, dann kennen Sie täglich Ihre strategische Lücke.

Schließen der Aktivitätslücke

Am besten rechnen Sie Ihre Zielvorgaben in Schlüsselaktivitäten um. Damit können Sie auch leicht berechnen, wie viel Ihnen noch zur Zielerreichung fehlt. Die strategische Lücke ist neben einem rechnerischen Vorgang vor allem eine Denkhaltung. Damit kann man erlernen, jedes Ziel in Aktivitäten umzurechen, um das Ziel ohne Stress zu erreichen. Die Lücke ist dann die Aktivitätsdifferenz zum geplanten Ziel. Die strategische Lücke soll bekannt sein, bevor Sie planen, die Lücke zu schließen. Welcher Zeitraum zum Schließen der strategischen Lücke ist ideal? Nehmen wir an, Sie sind Anzeigenverkäufer für eine Wochenzeitung und am Donnerstag ist Anzeigenschluss. Dann ist es sinnvoll, die strategische Lücke pro Halbtag zu kennen. Das heißt, am Montagmittag sollten Sie zum ersten Mal wissen, wie groß Ihre strategische Lücke ist. Ist nun der Verkaufszyklus länger (zum Beispiel ein Quartal), dann soll die strategische Lücke für die Woche bekannt sein und bei sehr langen privaten Zielsetzungen reicht vielleicht ein Quartal.

Schließen der Qualitätslücken

Neben der Aktivitätslücke ist es auch wichtig, die Qualitätslücke zu kennen und einen Plan zu erstellen, diese zu schließen. Das ist vor allem dann wichtig, wenn zum Beispiel wegen schlechter Trefferquoten sehr viele Chancen nicht umgesetzt werden können. Wenn die Qualitätslücke zu groß ist, kann es auch sinnvoll sein, sich voll und ganz auf sie zu konzentrieren.

Berücksichtigen Sie bei der Zielplanung den »No show«-Effekt

Viele Flugzeuge werden bewusst überbucht, weil die Wahrscheinlichkeit groß ist, dass Fluggäste ihren Flug im letzten Moment canceln. Durch eine Überbuchung wird dem Risiko vorgebeugt, am Ende mit leeren Plätzen zu fliegen.

Die Frage, die sich jeder Verkäufer stellen sollte, ist, wie viel mehr bei den eigenen Zielen überplant werden muss. Wenn der Fall eintritt, dass der Anteil Ihrer Kunden, die im letzten Moment den Verkaufsakt verzögern oder vom Kauf zurücktreten, höher ist, als der Anteil an Kunden, die unverhofft bestellen, dann ist es wichtig, sich höhere Ziele zu setzen. Dieses Anstreben des Maximums ist ein wichtiger Teil der Planung im Vertrieb. Selbst wenn Sie wissen, dass ein Ziel mit einem gewissen Einsatz an Aktivitäten erreicht werden kann, ist es dennoch wichtig, bei den Aktivitäten etwas höher zu planen. Das bedeutet für Sie, dass die meisten Dinge, die Sie planen, etwas überhöht geplant werden sollen. Dieser Anteil beträgt in der Regel zwischen 5 bis 25 Prozent und hängt von Ihrem Markt und von Ihren Kunden ab.

Profi-Verkäufer überplanen
immer die vorgegebenen Ziele.

Ein Beispiel aus einem gänzlich anderen Bereich soll das verdeutlichen: Einige renommierte Frauenärzte machten sich selbstständig und gründeten eine Geburtsklinik. Das Geschäft startete gut und bereits in den ersten

Monaten war die Geburtsklinik gut ausgelastet. Im Schnitt verzeichnete die Klinik bereits nach einem halben Jahr 28 Geburten pro Woche. Nachdem das einigen Ärzten zuviel wurde, überlegten sich die Gesellschafter, Vorgaben zu vereinbaren, nach denen dann Ziele gesetzt wurden. Als Wochenziel wurden 25 Geburten als Auslastungsziel angesetzt. Eineinhalb Jahre später, nachdem die Gesellschaft bereits in Konkurs gegangen war, wurde der ehemalige ärztliche Leiter über den Grund des Versagens befragt. Er antwortete: »Wer das Maximum nicht anstrebt, wird nicht einmal das Minimum erreichen und wer seine Ziele zu nieder ansetzt, wird selbst diese Ziele nur schwer erreichen.«

Ihre Ziele sollten höher sein als die realisierbaren Kapazitäten. Sie sollen dabei hoch sein, ohne jedoch zu überfordern. Es ist tatsächlich ein schwer lösbares Dilemma – wie hoch Ziele sein dürfen, ohne zu überfordern, und wie tief sie auf keinen Fall sein dürfen, um nicht Potenziale liegen zu lassen. Um dieses Dilemma aufzulösen, ist es wichtig, sich mit der Zielvereinbarung und der Zielplanung auseinanderzusetzen.

Die 40-Tage-Formel

Ein Versuch mit mehreren Verkäufern bringt es ans Licht: So haben viele Verkäufer, die den Zeithorizont von 40 Tagen gewählt haben, mit einer höheren Wahrscheinlichkeit ihre Ziele erreicht als Verkäufer, die ihre Ziele über diesen Zeitraum hinaus erreichen wollten. Wenn Sie ein Jahresziel haben, dann zerteilen Sie es in Einheiten zu maximal 40 Tagen. Planen Sie daher keine Aktivitätsziele, die länger als 40 Tage dauern.

Arbeiten Sie in Wellenbewegungen

Dieses Unterkapitel ist vor allem für Menschen gedacht, die laufend die gleichen Kunden betreuen und einen hohen Stammkundenanteil haben. Das sind in der Regel alle Pharmareferenten und alle Händlerbetreuer, von Bankenverkäufern bis zu Industrieverkäufern, die drei- oder mehrstufig in den Handel verkaufen. Wer seine Kunden laufend betreut, sollte in sein laufendes Geschäft über das Jahr verteilt einige Höhepunkte an Verkaufsaktivitäten einbauen. Dieser Höhepunkt ist Ihr Wellenberg, Ihr persönlicher Verkaufsschwerpunkt. Die Konzentration auf einen bestimmten Verkaufsschwerpunkt in einem bestimmten Zeitraum bewirkt eine Professionalisierung des Verkaufens und hat in jedem Fall eine positive Auswirkung auf die Trefferquoten.

Tipps von Profi-Verkäufern

1. Überlegen Sie sich, wie hoch der »No show«-Effekt bei Ihren Zielplanungen ausfällt.
2. Erhöhen Sie Ihre Ziele um diesen Wert.
3. Fassen Sie gleiche Themen und Aufgaben in der Kundenbetreuung zusammen und beschränken Sie den Zeitraum bei der Umsetzung.
4. Bevor Sie Ihre Aktivitäten für den nächsten Zeitraum planen, berechnen Sie Ihre strategische Lücke. Sie sollten täglich, wöchentlich und monatlich wissen, wie hoch die strategische Lücke ist.
5. Nachdem Sie wissen, wie hoch die strategische Lücke ist, planen Sie Maßnahmen zur Schließung.

Leistungsvorgaben und Ziele sind wichtig. Der häufig genannte Kritikpunkt an zu hohen Leistungsvorgaben ist, dass sie zu Sinnverlust sowie zu Infragestellen der Bedeutung der Arbeit oder zu emotionaler Erschöpfung führen. Aber genau das soll durch professionelles Zielplanen verhindert werden.

Kapitel 18

Mehr verkaufen in kürzerer Zeit

Wer es schafft, seine eigenen wirksamen Aktivitäten bei den besten Kunden im Markt produktiv einzusetzen, wird mit Freude und Erfolg verkaufen.

Nach 35 000 Stunden als Experte, Vortragender, Berater und Trainer bei Kunden und unzähligen Stunden als Wissenschaftler im Vertrieb habe ich eines erkannt: Es gibt keine Wunder im Vertrieb und Verkauf. Wer das verspricht, der lügt, und wer auf Wunder wartet, der wartet meistens lange. Natürlich gibt es wunderbare Entwicklungen in Märkten und bei Kunden. Es gibt Kunden, bei denen man leichter verkauft und es gibt sogar Situationen, in denen einem die Kunden alles aus der Hand reißen. Aber mindestens 97 Prozent aller Verkaufsakte bei Kunden funktionieren normal. Und wer in diesen Märkten verkaufen und sich verbessern will, muss professionell verkaufen und laufend lernen und immer produktiver und auch besser werden. Professionelles Verkaufen besteht aus den genannten fünf Faktoren, die alle eine Wirkung auf Ihren Erfolg haben. Die Aufgabe für Sie ist jetzt, *Ihre* Faktoren und *Ihre* Schlüssel zu *Ihrem* Verkaufserfolg zu finden.

Wie entsteht Professionalität?

Wer glaubt, sofort hier und jetzt einen Riesen-Schritt in Richtung Professionalisierung machen zu können, der irrt höchstwahrscheinlich. Natürlich kann es einen »Lucky Punch« geben oder einen »weißen Elefanten«, also unvorhersehbare große Geschäfte, die unverhofft und plötzlich auftauchen und Ihre Ergebnisse und damit Ihre Produktivität sprunghaft in die Höhe treiben. Diese Beispiele gibt es und jeder Verkäufer kann in seinem Verkäuferleben von zumindest einem oder mehrerer dieser Ereignisse berichten, wenn zum Beispiel ein Kunde unerwartet eine große Bestellung aufgibt und das zu einem sprunghaften Anstieg der Produktivität führt. Aber in 99 Prozent aller Verkaufsfälle geschieht das nicht.

Profi-Verkäufer »akkumulieren« viele kleine Vorteile zu einem großen Vorteil.

Professionalität entsteht in der Regel als Summe aus vielen kleinen »akkumulierten Vorteilen«, die Sie sich als Verkäufer erarbeiteten. Ein Verkäufer, der zum Beispiel seine Verkaufszeit in mehr Kundenzeit verwandeln kann und nur eine Stunde mehr pro Woche beim Kunden ist, startet eine Woche später etwas besser als in der vorhergehenden Woche. Dieser bessere Start schafft neue Möglichkeiten und Chancen, die den ursprünglichen Vorteil noch etwas mehr vergrößern. Dieser Vorteil kann wiederum zu einem noch größeren Vorteil führen, der den ursprünglichen kleinen Vorteil noch größer macht. Das geht in der Folge so weiter bis aus dem ursprünglichen kleinen Vorteil ein wesentlich professionelleres Verkaufen geworden ist. Die Ergebnisse, die dieser Verkäufer erzielt, entstehen aus nicht plötzlich eintretenden Ereignissen wie einem »Lucky Punch« sondern aus den vielen kleinen akkumulierten Vorteilen. Diese Vorteile, einer nach dem anderen, akkumulieren sich zeitverzögert und verändern mittel- und langfristig die Ergebnisse.

10 000 Stunden

Wie lange dauert es, bis ein Verkäufer professionell wird? Das ist die erste Frage, die sich neue Verkäufer stellen. Eine Illusion, der man sich nicht hingeben soll, ist der Zeitraum, den Sie benötigen, bis Sie professionell sind. Als wir in einer Untersuchung sogenannte »Rain Men«, also die besten unter den Spitzenverkäufern analysierten, wurde beiläufig auch die Frage gestellt, wie lange es gedauert hat, bis bei ihnen der Erfolg eingetreten ist. Die Antwort deckt sich mit vielen anderen Untersuchungen von erfolgreichen Menschen wie Musikern oder Computerspezialisten: Es sind 5 000 bis 10 000 Stunden harte Arbeit notwendig, um erfolgreich zu werden. Diese Zeit benötigt ein Verkäufer, um den Sprung vom guten Verkäufer zum Profi-Verkäufer zu schaffen. Diese Zeit braucht in etwa auch ein akquirierender Unternehmer, bis er erfolgreich wird. Wenn wir analysieren, welche unserer 15 Schlüssel im Verkauf die meiste Zeit brauchen, um sich zu entwickeln, dann erkennen wir, dass es ab dem siebten Schlüssel sehr zeitintensiv werden kann. Alle Schlüssel, die mit einer Vermehrung und Verbesserung von Aktivitäten zusammenhängen, sind also leichter erlernbar. Aktivitäten, bei denen Produktivität und Qualität im Spiel ist, benötigen mehr Zeit für ihre Entfaltung. Mit anderen Worten: Es ist leichter, ab morgen mehr zu tun, als ab morgen besser zu werden.

Faktoren und Schlüssel

Der nächste Abschnitt soll Sie dabei unterstützen, Ihre Produktivität um 50 bis 500 Prozent zu erhöhen. Die Prinzipien sind dabei für Angestellte, Verkäufer oder für Unternehmer, die verkaufen, die gleichen. Versuchen Sie, Ihre persönliche Situation umfassend und vor allem leidenschaftslos zu analysieren. Wählen Sie in einem ersten Durchgang jene Themen aus, bei denen Sie große Hebel vermuten. Wo gibt es für Sie die größten Potenziale und wo wollen Sie etwas verändern?

15 Schlüssel des Verkaufens	Fragen zur Selbsteinschätzung	Status quo	Ziel
1. Verkaufszeit	Kennen Sie Ihre tägliche, wöchentliche oder jährliche Verkaufszeit? Wie nutzen Sie die Kundenzeit? Wie viel Zeit verbringen Sie bei den Kunden?		
2. Kontakte	Wie viele Menschen kennen Sie, die Ihnen geschäftlich nützlich sein können? Wie viele Kontakte pro Tag/Woche/Jahr haben Sie? Wie hoch ist Ihre Kontaktrate oder die Kundenfrequenz?		

3. Chancen	Wie viele Chancen können Sie aus den Kontakten erhalten? Wie können Sie Ihre Chancenbasis verbreitern?		
4. Verkaufs-treiber	Kennen Sie Ihre Verkaufstreiber? Können Sie die notwendigen Aufgaben für den Verkauf beschreiben? Kennen Sie das Verhältnis zwischen allen Aufgaben und den zum Verkauf notwendigen Aufgaben?		
5. Schlüssel-aktivitäten	Kennen Sie die wichtigste Aufgabe in Ihrem Verkaufsprozess? Wie viele Schlüsselaktivitäten machen Sie pro Zeiteinheit?		
6. Vorgaben Aktivitätsplanung	Können Sie die wichtigsten Aufgaben erhöhen? Planen und steuern Sie Ihre Verkaufskapazität?		
7. Potenziale der Kunden	Kennen Sie Ihre wichtigsten und wertvollsten Kunden? Betreuen Sie wichtige und wertvolle Kunden besser? Welches Potenzial lässt sich bei Ihren bestehenden Kunden ausschöpfen? Welches Potenzial gibt es noch bei neuen Kunden und im Markt?		
8. Kunden-produktivität	Kennen Sie den Aufwand der Kundenbetreuung? Wissen Sie, welche Kunden welchen Betreuungsaufwand haben?		
9. Kunden-profitabilität	Kennen Sie Ihre profitabelsten Kunden? Kennen Sie Ihre Gewinntreiber?		
10. Trefferquote	Kennen Sie Ihre wichtigsten Trefferquoten? Können Sie die Trefferquoten verbessern?		

11. Deal Flow	Wie können Sie den Auftragsdurchlauf beschleunigen?		
12. Verkaufsprozess	Welche Aktivitäten können im Verkaufsprozess weggelassen werden, um rationeller zu werden?		
13. Sich selbst führen	Wann haben Sie das letzte Mal Ihre Arbeitsorganisation vereinfacht?		
14. Selbstwirksamkeit	Welche Werkzeuge setzen Sie ein?		
15. Planen und Ziele	Wissen Sie heute, was Sie morgen tun müssen, um Ihre Ziele zu erreichen? Ist Ihr Ziel erreichbar, ist es messbar, ist es machbar? Können Sie Ziele richtig dimensionieren?		

Tabelle 4: Fragen zur Selbsteinschätzung

Was hat sich beim Durcharbeiten der Liste verändert, wo ist bei Ihnen der Hebel am größten? Bei der Zeit, bei den Aktivitäten bei den Kunden oder in der Planung? Leider ist es bei vielen Verkäufern der Fall, dass die Schlüssel, die zu verändern sind, am meisten schmerzen. Das sind aber genau die Schlüssel, die den höchsten Produktivitätszuwachs bringen.

Um das hier beschriebene in Ergebnisse umwandeln zu können, ist es wichtig, zu verstehen, was das eigentliche Ziel professionellen Verkaufens ist. Wenn Sie professionell sind, können Sie mehr in kürzerer Zeit verkaufen.

Wie Sie Ihre Verkaufsproduktivität sofort testen können

Wenn Sie ein erfahrener Verkäufer sind, führen Sie folgenden Realitätscheck durch. Nehmen Sie Ihren Wochenplan der folgenden Woche und betrachten Sie alle Eintragungen. Nun können Sie sich überlegen, ob die im Wochenplan eingetragenen Aktivitäten Ihre Verkaufsproduktivität steigern.

Nehmen wir folgendes Beispiel und gehen wir gemeinsam die einzelnen Schritte durch: Der Verkäufer ist ein selbstständiger technischer Berater, der seine Leistungen verkauft und gleichzeitig auch die Beratungen durchführt. Die folgende Tabelle zeigt seine fünf Faktoren, die 15 Schlüssel und seine Aktivitäten im Wochenplan.

Die fünf Faktoren	Die 15 Schlüssel	Aktivitäten im Wochenplan
Sich selbst führen	Organisiert sein Vorbereitet sein Ballast reduzieren	Unterlagen erstellen für nächste und übernächste Woche Altprojekte aussortieren
Besser werden	Deal Flow Trefferquote Verkaufsprozess	Supertarget besuchen Projektwürdigkeit prüfen
Produktiver werden	Kundenpotenziale Kundenproduktivität Kundenprofitabilität	Rechnung termingerecht versenden Unterlagenerstellung delegieren an Copyshop Anspruchsniveau verbessern Reihenfolge der Kontakte einhalten Schwellenangst überwinden
Die richtigen Aufgaben	Vorgaben Schlüsselaufgaben Treiber	Anzahl qualifizierte Kontakte Telefonate Kundenbesuche Projekt nachfassen Nachfolgeprojekt besprechen
Mehr Aktivitäten	Kontakte Verkaufszeit Chancen	Datenbank pflegen Internetauftritt aktualisieren Verkaufsstunden fix vornehmen Zeitplan erstellen Mail vorbereiten

Tabelle 5: Aktivitäten im Wochenplan

Setzen Sie rote Flaggen

Wie können Sie mit den fünf Faktoren arbeiten? Ein Vorschlag ist es, eine Checkliste zu erstellen, um einmal den Ist-Zustand zu erheben und zu sehen, wie Sie stehen. Danach können Sie Ihre aktuelle Situation einschätzen. Dabei ist es sicher, dass es einige Bereiche geben wird, bei denen Sie merken werden, dass Sie bereits sehr professionell sind oder wo noch Handlungsbedarf besteht. Setzen sie nun dort rote Flaggen, wo Sie noch etwas zu tun haben und setzen Sie grüne Flaggen, wenn Sie glauben, hier ist alles im Laufen.

Was zeichnet Profi-Verkäufer aus?

Nach einem Verkehrsunfall auf einer Autobahn wird ein Patient in eine Klinik eingewiesen. Nach der Aufnahme wird der Patient dem Chirurgen vorgeführt. Dieser erkennt in dem Patienten einen alten Bekannten aus seiner Schulzeit, der damals keine Möglichkeit ausgelassen hat, den Chirurgen zu tyrannisieren.

Ein Rechtsanwalt wird als Pflichtverteidiger zu einem Termin ans Gericht zitiert. In dem Angeklagten erkennt er einen langjährigen Bekannten, den er bereits mehrmals in ähnlichen Fällen vor Gericht vertreten musste.

Ein Psychologe wird in seiner Praxis von einem Patienten aufs fürchterlichste beschimpft.

Der Chirurg, der Anwalt und der Psychologe haben einen professionellen Beruf. Sie alle wissen, was sie zu tun haben, wenn so ein Fall eintritt. Sie alle setzen professionell die richtigen Schritte. Von diesen Berufsgruppen erwartet man Professionalität und dass sie ihre Werkzeuge und Methoden ungeachtet des Verhaltens ihrer Patienten und Klienten zum Einsatz bringen werden.

Bei Profi-Verkäufern geht es genau um diese Dinge. Verkäufer sind dann professionell, wenn sie ihren Beruf nach bestimmten Regeln und Vorgaben ausführen, ungeachtet des Verhaltens Ihrer Kunden und ungeachtet jedweder Befindlichkeiten. Ein Verkäufer arbeitet dann professionell, wenn er seine Werkzeuge und Methoden in seinen Märkten und bei seinen Kunden wirkungsvoll einsetzt.

Dresscode, Verhaltenscode und Präsentationscode

Wer glaubt, dass es egal ist, wie Sie auftreten, der irrt sich vor allem dann, wenn die Kontakte mit den Kunden von kurzer Dauer sind und Kunden im Top-Management angesprochen werden. Ein Experiment einer Pharmafirma, bei der Verkäufer Medikamente an Ärzte verkaufen, hat gezeigt, dass der formale Auftritt und beispielsweise die Art der Präsentation der Präparate am Tisch des Arztes bei vielen kurzen Kontakten mit den Kunden einen verkaufsfördernden Effekt hatten. Wenn der Verkäufer die Produkte dem Arzt quasi auf den Tisch warf, hatten später weniger Ärzte die Präparate verschrieben, als wenn die Präparate in einer geordneten Struktur präsentiert wurden. Als Regel kann man sich merken: je kürzer die Zeit ist, in der Sie mit dem Kunden »Auge in Auge« zusammen sind, umso wichtiger sind Dresscode, Verhaltenscode und der Präsentationscode.

Die 1 000-Tage-Regel

Kunden und Märkte verändern sich im Schnitt alle sieben Jahre, daher werden Vertriebe im Schnitt alle 1 000 Tage umorganisiert. Die Bandbreite reicht aber von einem Jahr bis zu sieben Jahren. Und Sie als Verkäufer? Wie oft verändern Sie sich? Auch die Anforderungen an die persönliche Kundenbetreuung verändern sich. Entstehen bei Ihren Kunden neue Bedürfnisse, auf die Sie reagieren sollten? Benötigen einige Kunden Produkte, die sie vor einem Jahr noch nicht benötigt haben? Wie viele Kunden sind in einem Jahr betreuungsunwürdig geworden und hat es Sinn, sie nicht mehr zu betreuen? Welche Kunden wollen anders betreut werden? Welche neuen Kunden sind interessant geworden, obwohl sie es im letzen Jahr noch nicht waren? Ist der Preiskampf härter geworden und müssen Sie sich überlegen, ob es noch Sinn hat, beim Preiskampf mitzumachen? Sie sollten zumindest alle 1 000 Tage, am besten aber jedes Jahr die eigene persönliche Organisation überdenken.

Fünf Eigenschaften, die Professionalität unterstützen

Als professioneller Verkäufer müssen Sie also einige Eigenschaften besitzen, um erfolgreich zu sein. *Erstens* ist die Kontaktfähigkeit wichtig, um die Aktivitäten zu vermehren. Damit erhalten Sie wiederum neue Chancen. Um diese Chancen zu erkennen, müssen Sie *zweitens* wachsam und aufmerksam sein und ein neues Geschäft quasi riechen können. *Drittens* benötigen Sie Selbstdisziplin, um die Aktivitäten in reale Ergebnisse umzusetzen. *Viertens* benötigen Sie die Entscheidungsfähigkeit, um sich in der Folge auf das Wesentliche konzentrieren zu können. Diese Eigenschaft ist wichtig, um bei vielen Chancen die beste herauszusuchen und sie zu bearbeiten. Die *fünfte* persönliche Eigenschaft ist die Fähigkeit, zu analysieren, um das Wesentliche zu erkennen, laufend den Engpass zu kennen und entsprechend zu handeln. Es ist auch klar, dass nicht jeder Mensch alle diese Eigenschaften im gleichen Ausmaß besitzen kann.

Was Profi-Verkäufer vermeiden

Mehr richtige Aktivitäten bei den besten Kunden mit den richtigen Produkten, rasch und unkompliziert, gut organisiert und geplant – nur so und nicht anders können Sie professionell verkaufen. Das Gegenteil dieser Forderung funktioniert nicht. Seit einhundert Jahren gibt es Analysen über die Produktivität von arbeitenden Menschen. Seit etwas mehr als zwanzig Jahren sind auch Vertrieb und Verkauf in das Zentrum des Interesses gerückt. Was wissen wir aus den letzten zwanzig Jahren in der Beschäftigung mit dem Thema der Produktivität von Verkäufern? Eine Reihe von Untersuchungen hat sich mit dem Phänomen von erfolgreichen Verkäufern auseinandergesetzt und einige recht interessante Ergebnisse geliefert. Warum unser Modell funktioniert, ist mit einigen Ergebnissen aus Produktivitätsuntersuchungen untermauert und leicht erklärt.

Niemals inaktiv sein

Inaktive Verkäufer, die nur auf Kundenreaktionen warten, werden sich im Verkauf immer schwertun. Der erste Indikator für Inaktivität ist der Anteil an Arbeitszeit, die Verkäufer für das Verkaufen aufwenden. Wir wissen, dass in fast allen Branchen die Zeit, die der Verkäufer tatsächlich beim Kunden verbringt, bei ungefähr 30 Prozent liegt und dass etwa weitere 30

Prozent für Administration aufgewendet werden. Eine Erhöhung der »Auge in Auge«-Arbeitszeit und eine damit verbundene Erhöhung der Kontaktrate ergibt die Möglichkeit zur Erweiterung der Chancen. Wer mehr Zeit hat, kann mehr Kunden kontaktieren und aus diesen Kontakten lassen sich dann weitere Möglichkeiten ableiten. Wer es schafft, zehntausend Kilometer pro Jahr weniger zu fahren, indem er seine Reisezeit optimiert, hat einen Verkaufsmonat mehr pro Jahr an Verkaufszeit zur Verfügung.

Niemals die falsche Arbeit machen

Die falschen Verkaufsaktivitäten sind der häufigste Produktivitätsräuber. Wer sich auf seine Verkaufstreiber konzentriert, kann mehr verkaufsrelevante Tätigkeiten in seiner Arbeitszeit ausführen und vor allem kontinuierlich erfolgreich sein. Wer falsche und unproduktive Aktivitäten und den Kontakt zu unproduktiven Kunden auf unter 20 Prozent seiner Arbeitszeit begrenzt, hat eine bessere Aktivitäts-Umsatz-Relation.

Niemals die falschen Kunden betreuen

Die falschen Kunden sind selten der richtige Weg zum Verkaufserfolg. Die richtigen Kunden im richtigen Zeitfenster zu kontaktieren, kann dreißig bis vierzig mal so wirkungsvoll sein wie zufällige oder ungeplante Kundenansprachen. Wenn Kunden am Ende des Verkaufsprozesses auf den Preis angesprochen werden, lassen sich höhere Preise erzielen. Produktive Aktivitäten sind dadurch gekennzeichnet, dass bei den besten Kunden mit den höchsten Potenzialen mit wenig Aufwand eine hohe Profitabilität erreicht wird.

Niemals umständlich und kompliziert arbeiten

Wer umständlich und kompliziert verkauft, hat in der Abwicklung seiner Geschäfte bald Probleme, weil die Bewältigung des Geschäftsvolumens einfach zu zeit- und energieraubend ist. Verkäufer mit einem hohen Deal

Flow können doppelt so viele Kunden und auch doppelt so viele Geschäftsfälle in der gleichen Zeit betreuen wie andere Durchschnittsverkäufer. Wer einen höheren Anteil an Supertargets unter seinen Kunden hat, kann seinen Aufwand in der Kundenbetreuung reduzieren. Unkomplizierte Aktivitäten beschleunigen vor allem den Verkaufsprozess. Als Ergebnis können mehr Kunden in der gleichen Zeit betreut werden.

Niemals planlos vorgehen

Wer ungeplant und ohne Vorbereitung in einen Markt eintritt, wird seine Verkaufsaktivitäten unkoordiniert setzen und die Ziele nicht oder nur mit viel Stress erreichen. Wer Ziele in Aktivitäten umrechnet und plant, trifft sein Ziel mit einer dreimal höheren Wahrscheinlichkeit, als wenn ungeplant vorgegangen wird. Die richtige Organisation erlaubt es, Arbeitszeit zu reduzieren, Engpässe zu vermeiden und auf den richtigen Mix zwischen den einzelnen Aktivitäten zu achten.

Tipps von Profi-Verkäufern

1. Fokussieren Sie die Prioritäten für die nächsten 100 Tage.
2. Starten Sie mit den Engpassaufgaben und dort, wo Sie die schnellsten Ergebnisse erwarten.
3. Erstellen Sie einen Plan, wie Sie die wichtigen und großen Themen bearbeiten wollen.

Abschließende Worte

Als mich kürzlich ein Freund fragte, was denn wohl die wichtigste Erkenntnis aus dreißig Berufsjahren als Verkäufer, Verkaufsleiter, Berater und Professor im Vertrieb war, brauchte ich nicht lange nachzudenken. Ohne Zögern antwortete ich: »Aktive Verkäufer sind die besseren Verkäufer!« Er blickte mich verwundert an und antwortete: »Das ist alles? Ist doch banal!« Ich sagte darauf, dass das stimme, dass ich jedoch glaube, diese vermeintlich banale Erkenntnis sei vielen unbekannt.

Im Prinzip ist es einfach, die Ärmel hochzukrempeln, seine Schlagzahl zu erhöhen und dabei auch noch besser zu verkaufen. Das Wesen eines glücklichen Verkäuferlebens besteht darin, in Verkaufsituationen nicht zu resignieren und aufzugeben, immer tatkräftig zu bleiben und allen Umständen zum Trotz in seiner Aktivität nicht nachzulassen. Je produktiver die Aktivitäten sind, umso leichter werden Sie erfolgreich sein. Machen Sie aus jedem Tag, aus jeder Woche, jedem Monat und jedem Jahr eine produktive Zeit. Je mehr Sie davon haben, umso produktiver wird Ihr gesamtes Leben sein.

Verkaufen ist eine der häufigsten Tätigkeiten, die von Menschen ausgeführt wird. Egal, ob Sie einen neuen Job, Produkte oder Dienstleistungen suchen oder Ihre Ideen und Meinungen verkaufen: Verkaufen gehört zu jener Tätigkeit, die durch Setzen von Aktivitäten zum Erfolg führt. Alle Menschen, die nur durch Aktivitäten erfolgreich werden, können die fünf Faktoren nutzen. Die Logik des Buches kann von Praktikern aller handlungsorientierten Berufsgruppen als Leitfaden zur Erhöhung der persönlichen Produktivität und Professionalität angewandt werden. Sie ist dabei in fast allen Verkaufssituationen anwendbar: bei Verkäufern, Vertretern, akquirierenden Unternehmern und Managern, bei Ein-Mann-Unternehmen und internationalen Konzernen. Professionalität ist wichtig – ob Sie sich als eigene Person verkaufen wie ein Personenunternehmer, persönlicher Dienstleistungsanbieter, Berater, Jobsuchender oder Trainer. Professionalität ist wichtig; ob Sie Produkte verkaufen, ob in Banken und Versicherungen, in Autohäusern, auf Baustellen, in Gewerbetrieben. Professionalität ist wichtig; ob Sie Dienstleistungen verkaufen wie etwa ein Reinigungsservice. Professionalität ist wichtig, wenn Sie Know-how verkaufen wie zum Beispiel Software und technische Beratung.

Es liegt in der Natur der Sache, dass nicht jedes Thema und jeder Schritt für jeden Verkäufer die gleiche Relevanz hat, aber es ist mit Sicherheit für jeden im Verkauf stehenden Menschen interessant, seine Situation in Hinblick auf die Produktivität zu prüfen. Es gibt immer Bereiche, in denen Sie Produktivitätsgewinne erzielen können Was machen produktive Menschen mit diesem Produktivitätsgewinn? Hier ist alles möglich, was Sie sich in Ihrer Fantasie ausmalen können. Sie können Ihr Einkommen steigern, Sie können Ihre Arbeitszeit verringern, Sie haben weniger Druck in der Erreichung Ihrer Ziele, Sie können entspannter arbeiten oder Sie können die Urlaubszeit erhöhen. Daneben entsteht ein Leistungsgefühl, also ein subjektives Empfinden am Abend nach erledigter Arbeit; es ist das Gefühl, produktiv gewesen zu sein. Dieses Gefühl bedeutet, weder die eigene Lebenszeit noch sonstige Ressourcen verschwendet zu haben und erfolgreich zu sein. Wer eine Arbeit produktiv erledigt, wird langfristig auch mehr Spaß und Genugtuung an seiner Arbeit haben.

Für junge Verkäufer kann das Buch ein Wegweiser sein, sich in der Verkaufswelt zurechtzufinden und professionell zu werden. Hier empfehle ich, das Buch vom Anfang bis zum Ende durchzuarbeiten und die Faktoren in der vorgeschlagenen Reihenfolge zu bearbeiten.

Für erfahrene Verkäufer kann es ein Weg sein, zu erkennen, wo die eigene Professionalität noch verbessert werden kann. Sie können die Kapitel nach eigenem Bedarf durcharbeiten, für Sie irrelevante Themen überspringen und sich einen eigenen Schlüsselkatalog für Ihr eigenes professionelles Verkaufen zurechtlegen.

Für Unternehmer und akquirierende Manager kann es eine Hilfe sein, den eigenen Prozess des professionellen Verkaufens zu starten. Überlegen Sie sich, in welchen Bereichen Sie Ihre Professionalität noch verbessern können.

Viele Tipps und Anregungen, die Sie dem Buch entnehmen können, wurden aus den vielen Beratungen, Trainings und wissenschaftlichen Arbeiten mit Verkäufern zusammengetragen. Mir ist bewusst, dass dies nur ein Ausschnitt der Realität ist. Wenn Sie Anregungen und Ergänzungen zum Thema haben, würde es mich freuen, wenn Sie mich unter der E-Mail-Adresse karl@pinczolits.at kontaktieren würden.

Danksagung

Wer ein Buch schreiben will, der benötigt vor allem Zeit. Und es ist auch die Zeit und die Energie wichtig, die ihm andere Menschen schenken. An erster Stelle danke ich meiner Frau Marina für die großartige Unterstützung in der schwierigen Phase der Bucherstellung und meinen beiden Töchtern Johanna und Katharina für das Verständnis, die großzügige Rücksichtnahme für die vielen Stunden, die sie mich vor dem Computer sitzend vorgefunden haben.

An dieser Stelle möchte ich auch all jenen Personen danken, die mich in den letzten dreißig Jahren im Vertrieb begleitet haben. Sie alle haben mitgeholfen, neue Erkenntnisse im Verkauf zu erhalten. Dank gilt auch meinen Klienten, deren freundliche Unterstützung viele neue Anregungen zur Zukunft des Vertriebs lieferte.

Selina Hartmann und Rainer Linnemann vom Campus Verlag zeigten besonderes Geschick, mich von den notwendigen Änderungen zu überzeugen und das Thema abzurunden.

Danken möchte ich auch allen Mitarbeitern meines Instituts an der Fachhochschule Wiener Neustadt, die mich bei der Endfassung des Buches unterstützten.

Karl Pinczolits
www.pinczolits.at

Register